Forschung erfolgreich vermarkten

Springer

Berlin
Heidelberg
New York
Hongkong
London
Mailand
Paris
Tokio

Universität Dortmund (Hrsg.)
Referat für Öffentlichkeitsarbeit
und Wissenstransfer / Transferstelle

FORSCHUNG erfolgreich vermarkten

Ein Ratgeber für die Praxis

Mit Beiträgen von
Hans-Olaf Henkel · Thomas Brand · Gerdum Enders
Michael Woltering · Martina Stangel-Meseke
Brigitte Diefenbach · Werner Nowag · Edmund Schalkowski
Harwig Fuhrmann · Barbara Harbecke

Redaktionelle Betreuung: Thomas Brand

Mit 10 Abbildungen
und 9 Tabellen

 Springer

Universität Dortmund (Hrsg.)
Referat für Öffentlichkeitsarbeit und Wissenstransfer / Transferstelle
Baroper Straße 283
44227 Dortmund

Dipl.-Ing. Michael Asche   michael.asche@uni-dortmund.de
Dipl.-Ing. Fritz Krieger   fritz.krieger@uni-dortmund.de
Ole Lünnemann M.A.   ole.luennemann@uni-dortmund.de

Das Projekt »Forschung erfolgreich vermarkten« wurde gefördert
durch das Ministerium für Schule, Wissenschaft und Forschung
des Landes Nordrhein-Westfalen.

ISBN 978-3-642-52306-9   ISBN 978-3-642-55655-5 (eBook)
DOI 10.1007/978-3-642-55655-5

Bibliografische Information Der Deutschen Bibliothek
Die Deutsche Bibliothek verzeichnet diese Publikation in der Deutschen Nationalbibliografie;
detaillierte bibliografische Daten sind im Internet über *http://dnb.ddb.de* abrufbar.

Springer-Verlag Berlin Heidelberg New York
ein Unternehmen der BertelsmannSpringer Science + Business Media GmbH

http://www.springer.de

© Springer-Verlag Berlin Heidelberg 2003
Softcover reprint of the hardcover 1st edition 2003

Umschlaggestaltung: Erich Kirchner, Heidelberg
SPIN 10890384   42/3130 – 5 4 3 2 1 0 – Gedruckt auf säurefreiem Papier

Inhalt

Geleitwort

Hans-Olaf Henkel

Hans-Olaf Henkel war bis Juli 2001 Präsident des Bundesverbandes der Deutschen Industrie (BDI), seitdem ist er Vize-Präsident. Heute lehrt er Internationales Management an der Universität Mannheim und ist Präsident der Wissenschaftsgemeinschaft Gottfried Wilhelm Leibniz.

Mit Volldampf in die innovative Wissensgesellschaft – Kommunikationsbremsen zwischen Wissenschaft und Wirtschaft lösen!

Die Industriegesellschaft ist von Anfang an durch die Umsetzung wissenschaftlicher und technischer Erkenntnisse in industrielle Produkte und Fertigungsprozesse bestimmt worden. Diese Bedeutung von Wissenschaft für wirtschaftliches Handeln hat in den letzten Jahren so stark zugenommen, dass wir vom Übergang von der Industrie- in die innovative Wissensgesellschaft sprechen.

Die Geschwindigkeit, mit der geeignetes neues Wissen in Produkten, Produktionsverfahren und Dienstleistungen angewendet wird, ist enorm gestiegen. Wissen allein reicht nämlich nicht aus. Nur wer es anwenden kann und möglichst rasch aus Wissen wirtschaftlichen Nutzen entstehen lässt, kann die besten ökonomischen, technischen, ökologischen und sozialen Lösungen erzielen, kann mit hohen Gewinnen, großem Wachstum und einem dynamischen Beschäftigungszuwachs rechnen sowie hohe Löhne und Gehälter zahlen. Damit entscheidet neues Wissen und seine rasche Anwendung mehr denn je über die Konkurrenzfähigkeit von Unternehmen und den Wohlstand der Nationen.

Weiterhin lässt sich bezogen auf die Halbwertzeit des Wissens beobachten, dass sich der Prozess, Wissen zu Markte zu tragen, selbst beschleunigt: Durch die modernen Informationstechnologien ist neuestes

Wissen in kürzester Zeit weltweit verfügbar, während es früher Jahre, Jahrzehnte oder gar Jahrhunderte dauerte, bis sich Wissen von einem Kontinent zum anderen ausbreitete. Neue Erkenntnisse überholen alte Annahmen, die so genannte Halbwertzeit des Wissens sinkt. Produkte, Dienstleistungen, Produktionsverfahren, die auf veraltetem Wissen basieren, verlieren an Wert. Das fordert zu neuen Innovationen und zur Generierung neuen Wissens heraus. Kurzum: Mehr Wissen wird immer schneller erzeugt, weltweit verfügbar gemacht, in Innovationen umgesetzt und provoziert den Wettlauf zu neuem Wissen und weiteren Innovationen im Interesse der Kunden.

Aber nicht nur die Erzeugungsgeschwindigkeit von Wissen steigt stetig, auch die Komplexität des Wissens nimmt zu: Denn Innovationen entstehen immer stärker durch die Verbindung von Wissen auf verschiedenen Gebieten. Und auch Problemlösungen erfordern immer mehr ein fach-, ressort- und branchenübergreifendes Wissen. Da verschiedenste Wissens- und Datenbestände der Naturwissenschaften, der Wirtschaft, der Psychologie, der Marktforschung etc. zusammengebracht werden müssen, bedarf es neuer Methoden des Wissensmanagements.

Wissen ist nicht mehr länger nur infrastrukturelle Voraussetzung in der Industriegesellschaft, sondern wird selbst zum Unternehmensgegenstand. Insbesondere in der Biotechnologie wird Forschung zum Objekt der New Economy – mit völlig neuen Verfahren vor allem der Bioinformatik. Das könnte auch von dieser Seite die Forschungslandschaft revolutionieren. Ein weiteres Indiz für Ökonomisierung des Wissens liefert ein aktuelles Thema der Monopolkommission: Erstmals hat sich diese Kommission in ihrem Sondergutachten über „Wettbewerb als Leitbild für die Hochschulpolitik" mit der Hochschullandschaft auseinander gesetzt. Auch das ist Ausdruck der neuen ökonomischen Qualität des Wissens.

Deutschland lebt von der Substanz

In einer im Juni 2000 erschienenen OECD-Studie werden die Forschungstätigkeit und daraus resultierende Innovationen, die Diffusion der neuen Informations- und Telekommunikationstechniken, ein innovativer Finanzmarkt sowie die Ausbildung als Schlüsselfaktoren für den Erfolg auf dem Weg in die innovative Wissensgesellschaft identifiziert. In keinem der untersuchten Bereiche attestiert die OECD-Studie Deutschland eine Führungsposition im internationalen Vergleich, sondern weist uns lediglich einen Platz im Mittelfeld zu.

Eine noch deutlichere Sprache spricht die „Ranking"-Liste von 1999, in der die OECD-Länder nach ausgewählten Kriterien aus dem Bereich „Science & Technology" eingestuft werden. Unter dem Kriterium „Basic Research" liegt Deutschland nur an neunter Stelle und unter „Development & Application of Technology" noch hinter den zehn gelisteten Ländern. Das weist darauf hin, dass in Deutschland neues Wissen aus den öffentlich geförderten Forschungseinrichtungen nicht schnell genug wirtschaftlich genutzt wird. Die Vernetzung von Wissenschaft und Gesellschaft bzw. Wirtschaft ist einfach unzureichend. Das belegen auch andere Untersuchungen wie z. B. die im Auftrag der EU-Kommission erstellte vergleichende Studie „Innovation-Market" zum Technologietransfer öffentlich geförderter Forschungseinrichtungen in ausgewählten Ländern der EU und die ZEW-Studie zum Wissens- und Technologietransfer via Internet, die im Auftrag des Bundesministeriums für Bildung und Forschung (BMBF) erarbeitet wurde.

Das Gleiche dokumentieren die jüngsten Berichte zu den Evaluationen der öffentlich geförderten Forschungseinrichtungen sowie die Thesen des Wissenschaftsrats zur künftigen Entwicklung des Wissenschaftssystems in Deutschland. Immer wieder wird festgestellt, dass die innovativen Beiträge der öffentlich geförderten Forschungseinrichtungen zur Lösung von Problemen in Wirtschaft, Gesellschaft und Politik zu gering sind. Dabei sind die Leistungen der Forscher ausgezeichnet. Ebenso ist das verzweigte Netz der öffentlich finanzierten Forschung für bahnbrechende Ideen und Lösungen als Voraussetzung gerade für technisch-wissenschaftliche Innovationen unverzichtbar. Aber dank einer vergleichsweise guten öffentlichen Finanzausstattung haben sich die Forschungseinrichtungen dem Druck des wirtschaftlichen und gesellschaftlichen Wandels bisher nicht in vollem Umfang stellen müssen. Sie konnten sich ihm auch wegen administrativer Überregulierung durch den Staat nicht stellen. Insgesamt gesehen, ist das Wissenschaftssystem noch zu wenig flexibel. Das behindert seine Fähigkeit zu international wettbewerbsfähigen Wissensinnovationen, die für mehr Wachstum und Beschäftigung in Deutschland dringend notwendig sind.

Deutschlands aktuell noch gute Position bezogen auf die technologische Leistungsfähigkeit ist weitgehend den Zukunftsinvestitionen der Vergangenheit zu verdanken. Immer mehr aber zehrt inzwischen die deutsche Wirtschaft technologisch von der Substanz. Noch ist Deutschland stark in den hochwertigen Techniken; sie sind die Basis unseres heutigen Wohlstandes. In Spitzentechniken jedoch liegen die Vereinigten Staaten und Japan deutlich vor uns. Im Jahr 1998 betrug der Anteil der Gesamtausgaben für Forschung und Entwicklung (FuE) am Bruttoinlandsprodukt der Bundesrepublik nur noch 2,33 Prozent. In den 90er Jahren haben wir unsere FuE-Ausgaben erheblich zurückgefahren. Damit rutschte Deutschland vom zweiten auf den vierten Platz unter den führenden OECD-Ländern ab. Insbesondere die FuE-Ausgaben der Unternehmen stagnierten nominal. Real gingen sie zurück. Dieser Trend kehrt sich erst langsam wieder um. In dieser Situation ist es entscheidend, die vorhandenen Potenziale so gut wie möglich zu nutzen und die Möglichkeiten auszuschöpfen.

Kommunikationsbremsen zwischen Wissenschaft und Wirtschaft

Die Säulen des Innovationssystems sind Wissenschaft und Wirtschaft. Forschung und Industrie haben die Aufgabe, schnell und entschieden die technologische Basis für die Produkte von morgen und übermorgen zu verbessern. Mehr denn je kommt es auf ihr erfolgsorientiertes Zusammenwirken an, wenn die Bundesrepublik im Innovationswettlauf mithalten soll. Bislang aber verhalten sich Forschung und Industrie noch viel zu sehr wie zwei eigenständige soziale Systeme. Sie haben zwar einige übereinstimmende Regeln, aber sie haben auch unterschiedliche Sprachen und unterschiedliche Ziele. Manche Unterschiede sind sinnvoll, andere sind tolerierbar, vieles muss aus Sicht der Industrie geändert werden. Aber sehen wir uns doch erst einmal die Unterschiede genauer an.

Wissenschaft und Wirtschaft haben unterschiedliche Effizienzkriterien und sind auf verschiedene Märkte ausgerichtet

Die Wissenschaft ist fixiert auf den Erkenntnismarkt, der sich aus Segmenten von jeweils relativ wenigen Fachkundigen zusammensetzt. Hier zählt es vornehmlich, eine Entdeckung als Erster gemacht zu haben. Das Datum ist also entscheidend. Anschließend ist die Entdeckung freies Gut, was auch immer sie gekostet haben mag. Förderer ist in der Regel der Staat.

Und die Wirtschaft? Sie ist letztlich ausgerichtet auf einen kaufkräftigen Konsumentenmarkt. Es gilt, Bedürfnisse vieler Nachfrager gegen Bezahlung zu befriedigen. Auf diesem Markt wird entschieden, ob Güter und Dienstleistungen zu ihren Preisen (Kosten) akzeptiert werden oder aus dem Angebot verschwinden. Hier – am Markt – entscheidet sich, ob Inventionen zu Innovationen werden.

Wer sich die Unterschiede vor Augen hält, die kaum krasser sein können, den wundert die endlose leidige Transfer-Diskussion nicht. Der Weg von der öffentlich finanzierten Forschung zum Unternehmen funktioniert nur in Einzelfällen, weil die Forschung regelmäßig gar nicht für die Unternehmen produziert. Kein Wunder also, dass die Unternehmen nur selten etwas von ihr erwarten.

In der gegenwärtigen wirtschaftlichen Zwangslage sind wir jedoch verstärkt auf solche Inventionen angewiesen, die Rohstoff für Innovationen liefern. Wie bekommen wir sie? Aus der oft nur gedanklichen Kette Forschung → Unternehmen → Markt muss in verstärktem Maße die umgekehrte tatsächliche Kette Markt → Unternehmen → Forschung werden.

Bisher aber sind zu vielen Forschern aufgrund der bisherigen Marktgegebenheiten die Publikationen ihrer Ergebnisse und die Anerkennung durch Kollegen wichtiger als die Sicherung einer Erfindung durch Patente und die Umsetzung in Produkte. Wenn der Eifer von Forschern aber erlahmt, sobald sie auf einem großen internationalen Kongress ein neues Prinzip beschrieben haben, und wenn dann das nächste Thema auf ähnlich hohem Niveau angegangen wird, funktioniert der Wissenstransfer durch Köpfe nicht.

Es bringt wenig, wenn Forscher nur von einer grundlegenden Erkenntnis zur nächsten eilen, sich aber an der Umsetzung in neue Produkte oder Verfahren nicht oder nur widerwillig beteiligen. Gleiches gilt für Forscher, die sich mit aller Energie ihrem Spezialfach widmen und sich nicht zur gleichen Zeit durch enge Kontakte zu Unternehmen über die Anforderungen des Marktes informieren. Wir brauchen eben mehr Forscher, die sich erst dann richtig freuen, wenn aus ihrer Entdeckung ein nützliches Produkt geworden ist.

Viele Forscher berufen sich auf den neuhumanistischen Gelehrten und Politiker Wilhelm von Humboldt (1767 bis 1835), der die erste Berliner Universität konzipierte, und fordern Unabhängigkeit der Forschung, um nach eigenen Prioritäten arbeiten zu können. Selbstverständlich kann sich die Wissenschaft nur fortentwickeln, wenn – im besten Sinne des Wortes – genügend Platz für Neugierde und Wissensdurst gegeben ist. Zu erinnern ist indes an Humboldts Bildungsbegriff: Bildung ist die Anregung sowohl aller Kräfte, die zur Aneignung von Welt und zur Entfaltung einer sich selbst bestimmenden Individualität nötig sind, als auch solcher Kräfte, die dem „Bedürfnis des Lebens" und – so ausdrücklich – den einzelnen Gewerben dienen.

Zurzeit muss sicherlich ein größerer Teil der Forschungsmittel zielgerichtet und effizient zur Lösung vorgegebener Aufgaben aufgewandt werden. Wissenschaftler müssen akzeptieren: Auch Marketing ist Wahrheitsfindung.

Wirtschaft und Wissenschaft haben unterschiedliche Zeithorizonte

Forscher würden am liebsten weit in die Zukunft denken. Sie verfolgen gern alle Ansätze, die Wege zu dem fernen Ziel zu eröffnen scheinen. Unternehmen wiederum sind zwar an dauerhaftem Wachstum interessiert und verfolgen insofern auch langfristige Planungen; diese sind allerdings nur umzusetzen, solange Produktgeneration für Produktgeneration schwarze Zahlen geschrieben werden. Die unterschiedlichen Zeitrahmen lassen sich nur dann harmonisieren, wenn Forschungsinstitutionen bei der unerlässlichen Vorlaufforschung die Anwendung im Blick behalten, damit schließlich in konkreten und schnell zum Ziel führenden Innovationsprojekten Produkte auf den Markt gebracht werden.

Forscher haben einen beneidenswerten Arbeitsplatz. Kennzeichnen ihn doch Phantasie und Kreativität. Entdecken, sorgfältig ergründen, diskutieren, beschreiben, weitergeben – all das macht gute Forschung aus. Aber ein hohes Innovationstempo fordert auch Zielvorgaben, Marketing und Kostenkontrolle. Diese Perspektive müssten sich größere Teile der Wissenschaft zu eigen machen, um schneller von Prinzipien über Simulationen oder Labormodelle und von praktisch noch nicht brauchbaren Prototypen zu marktfähigen Produkten zu gelangen. Flexibilität und Kreativität sind Merkmale, die Forscher gerne für sich in Anspruch nehmen. Doch nach Jahren der Arbeit in einem Forschungsfeld sind Beziehungen aufgebaut worden, die leicht zum Selbstzweck werden. Die Wissenschaftler müssen zusehen, dass auch sie nach Abschluss eines Projektes für neue Felder einsetzbar bleiben. Das Schlagwort „lebenslanges Lernen" gilt ebenso für die Wissenschaft.

Wissenschaft und Wirtschaft haben eine unterschiedliche Auffassung von Vertraulichkeit

Wesentliche Grundlagen der Wissenschaft sind der schnelle Informationsaustausch und die fortwährende Diskussion in der Zunft. Dieser diskursive Wesenszug der Forschung ist zu einem guten Teil ihr Lebenselixier.

In Kooperationsverträgen zwischen Industrie und Forschern hingegen werden Regeln für den Umgang mit vertraulichen Informationen und für die Veröffentlichung von Ergebnissen vereinbart. Die bei Unternehmen gebotene Vorsicht verstärkt Verbindungen zu vertrauten Partnern und erschwert das Ausprobieren alternativer Ansätze. Dem Stil im Umgang miteinander und mit gemeinsamen Forschungsergebnissen kommt in einer Kooperation mithin große Bedeutung zu.

Kurzum: Die Unterschiede in den Zielen, Zeithorizonten und anderen Einstellungen müssen überwunden werden. Ein Experten-Dilemma, bei dem die Experten von Wissenschaft und Wirtschaft nicht zueinander finden, kann sich die Bundesrepublik nicht leisten. Wie aber sieht die Lösung aus?

Die Unternehmen müssen offensiv werden

Was innovativ ist, entscheidet – wie gesagt – der Markt. Die derzeit erforderliche stärkere Innovationsorientierung der Wissenschaft kann ihren maßgeblichen Impuls nur von denen bekommen, die Güter und Dienstleistungen verkaufen müssen, also von den Unternehmen. Wie können nun die Unternehmen Impulse geben?

Erstens: Der direkteste Weg, um Einfluss zu nehmen, sind die Auftragsforschung und die Kooperationen. Die Unternehmen sind nicht zuletzt deshalb dazu bereit, weil sie ihre eigenen Kapazitäten für Forschung und Entwicklung mehr und mehr auf den Kern reduziert haben. Eine Entwicklung, die sich auch an folgenden Zahlen ablesen lässt.

Während die Zahl des FuE-Personals in der Wirtschaft sinkt (1991: 322 000 Beschäftigte, 1998 nur noch 288 000), steigen die Aufwendungen der Unternehmen für externe Entwicklungsaufträge (1991 waren es 10,1 Prozent der Gesamtaufwendungen, für 1999 waren 21 Prozent geplant). Dies ist vernünftig, denn die Unternehmen können in Kooperationen die zur Entwicklung einer immer komplexeren Technik nötige große Bandbreite von Fachwissen besser und flexibler gewinnen. Dazu gehört, dass sie bei ihren Mitarbeitern, die auf dem Forschungsmarkt sozusagen neue Ideen einkaufen und kreative Wissenschaftler in Unternehmensstrategien einzubinden suchen, Offenheit und Verständnis für wissenschaftliche Vorgehensweisen fördern.

Zweitens: Forschung muss generell verstärkt über die Unternehmen finanziert werden. Dies ist eine Strukturaufgabe der Politik. Zurückgehende FuE-Aufwendungen der Unternehmen haben auch mit einer exorbitanten Steuerlast zu tun. Entlastung ist insbesondere dort erforderlich, wo es um Zukunftsinvestitionen geht.

Der Bundesverband der Deutschen Industrie (BDI) schlägt vor, dass jedes Unternehmen einen bestimmten Anteil seiner Ausgaben für Forschung und Entwicklung, einschließlich der Ausgaben für Forschungsaufträge, von der Steuerschuld abziehen kann. Dieses Instrument der Forschungsförderung wäre marktkonform, es wäre erfolgsorientiert und dazu geeignet, brachliegende Investitionspotenziale gerade bei kleineren und mittleren Unternehmen zu mobilisieren. Die Verstärkung der Forschungsbudgets von Unternehmen durch steuerliche Bevorzugung hätte zur Folge, dass auf dem freien Markt mehr Aufträge an interessante Forschungseinrichtungen vergeben würden. Die Wirtschaft erhielte mehr Spielraum, die Potenziale im Bereich der öffentlich organisierten Forschung für unternehmerische Marktziele und damit für Wirtschaftswachstum und neue Arbeitsplätze zu aktivieren.

Drittens: Die Unternehmen müssen lernen, die Verwertbarkeit von Forschungsergebnissen von vornherein positiv zu beeinflussen. Sie müssen aufzeigen, wie, insbesondere im Bereich der öffentlich finanzierten Wissenschaft, Forschungsfelder in Beiräten und ähnlichen Gremien bereits im Vorfeld anwendungsorientiert konzipiert werden können. Bei konkreten Innovationsprojekten muss die Forscher im Laufe ihrer Arbeiten ein klares, verpflichtendes Interesse der Unternehmen begleiten, weil unverbindliche Äußerungen zu Verwertungsperspektiven es Forschern erleichtern, in die abstrakte Behandlung ihres Themas abzugleiten.

Die Forschungsinstitute müssen konkurrieren (dürfen und können)

Um die Etats der Industrie für Auftragsforschung und Kooperationsprojekte müssen die Forschungsinstitutionen durch Leistungswettbewerbe konkurrieren.

Forschung und Entwicklung sind keine normalen Märkte. So können wesentliche Bereiche der Forschung gar keinen anderen Ertrag haben als den Erkenntnisgewinn. Und es ist extrem unsicher, ob es am Ende potenziell anwendungsbezogener Forschungsarbeiten ein verwertbares Ergebnis geben wird. Zudem lassen sich Qualität und Kosten unterschiedlicher Anbieter von Ideen nur schwer vergleichen. Trotz dieser Gegebenheiten sind weder betriebliche Forschungsabteilungen noch unabhängige Forschungsinstitute der Berücksichtigung gesellschaftlicher Umstände und Bedingungen enthoben. Marktgesetze erzeugen auch Strukturveränderungen in der Forschung, die nicht zuletzt durch den internationalen Standortwettbewerb vorgegeben werden.

Die deutsche Forschung kann in diesem Wettbewerb nicht immer mithalten. Nicht ohne Grund bestellen deutsche Institutionen einen Teil ihrer neuen Software bei indischen Informatikern.

In dieser Situation ist eine möglichst gute Abstimmung zwischen den Unternehmen und den in Universitäten und anderen öffentlich finanzierten Institutionen tätigen Forschern ein entscheidender Wettbewerbsvorteil für die heimische Forschung, den sie ausbauen muss. Die Wissenschaft muss den Service für ihre Abnehmer – die Unternehmen – erhöhen. Sie darf nicht nur Konzepte präsentieren oder Fragen stellen, sie muss auch möglichst einfach umsetzbare Lösungen anbieten. Dazu muss die Forschung durch Finanzierungsregeln ermuntert und darf nicht durch Verwaltungsvorschriften gehindert werden.

Die Wissenschaft muss sich in gemeinsame Innovationsprojekte einbinden lassen. Aus Forschungsprojekten müssen verstärkt Innovationsprojekte werden.

Statt nach einer Reihe von isolierten Arbeitsschritten erst am Ende eines langen Entwicklungsprozesses wesentliche Umsetzungsprobleme zu entdecken, muss der Blick fürs Ganze geschärft werden. Eine Strategie, dies sicherzustellen, sind Innovationsprojekte. Sie sollten ein neuer Typ von Forschungsprojekten sein, die ihre Berechtigung ausdrücklich aus ungesättigten Bedürfnissen und potenzieller Nachfrage herleiten.

Während zum Beispiel die Informationstechnik bislang vor allem als so genannte Schlüsseltechnologie für unsere Volkswirtschaft auf breiter Ebene gefördert worden ist, zwängen Innovationsprojekte zu einer genaueren Bestimmung des Problemlösungspotenzials der jeweiligen Technik. Am Ende hieße das keinesfalls, dass weniger Informationstechnik entwickelt würde, wohl aber anders.

In den Innovationsprojekten müsste die Umsetzung von Forschungsergebnissen systematisch angelegt werden: Auf der Grundlage einer Bedarfsanalyse müsste ein konkreter Business-Plan die Projektschritte leiten. In der Zusammensetzung des Forschungsteams müssten sich Systemtiefe und Branchenmix abbilden. Hierfür ist es notwendig, dass die Projekte ein professionelles Management erhielten. Verfahrensschritte wie Entwicklung und Marketing müssten parallel und nicht erst nacheinander ablaufen. Und es müsste ein leistungsorientiertes Belohnungssystem geben. Aufgaben wie Bedarfseinschätzung, technische Entwicklung, Organisationsänderungen, Qualifizierung, Rechtsnormen bis hin zum Recycling müssten Hand in Hand bearbeitet werden, sodass mit möglichst wenig Reibungsverlusten aus Ideen tatsächlich Innovationen werden könnten.

Die aufgezeigten neuen Konkurrenzbedingungen der Forschung stellen insbesondere an die Nachwuchswissenschaftler besondere Herausforderungen. Fachkompetenzen allein reichen nicht mehr aus, um die für Wirtschaft und Gesellschaft notwendigen Leistungen zu erbringen. Fertigkeiten, die die Teamfähigkeit verbessern, wie beispielsweise zielorientierte Aufbereitung von Informationen zur Gesprächsführung, aber auch Basiswissen im Marketing bilden wesentliche Voraussetzungen, um ein Projekt zum Erfolg zu bringen und innovative Ideen durchzusetzen. Ferner müssen die „Köpfe" Kenntnisse darüber erlangen, wie sie ihre Ergebnisse Nichtwissenschaftlern in Wirtschaft, Politik und in der breiten Öffentlichkeit vermitteln und sie ihnen zugänglich machen können, damit der Nutzen der Investition best- und schnellstmöglich sichtbar wird. Das heißt, wir brauchen ein Konzept, wie es diesem Buch zugrunde liegt, das Fachwissenschaftler dazu anregen soll, über den Tellerrand der eigenen Disziplin hinauszublicken, um die Verwertbarkeit von Forschungsergebnissen und auch das eigene Profil zu verbessern.

Das Belohnungssystem in der Wissenschaft ist nur wenig leistungsorientiert und fördert die Anwendungsorientierung kaum

Wenn es in öffentlichen Forschungseinrichtungen Leistungsprämien gibt, stellen sie im Vergleich zum BAT-Grundgehalt – zumal nach Abzug aller Abgaben – keinen wirklichen Anreiz dar (BAT ist der Bundesangestelltentarif). Oft genug werden Prämien aufgrund der Besitzstandswahrung weitergezahlt, obwohl aktuell keine außergewöhnlichen Leistungen mehr erbracht worden sind. Hier müssen die öffentlich finanzierten Forschungseinrichtungen den nötigen Spielraum bekommen, um ihre Mitarbeiter für gute Leistungen und insbesondere auch für die Umsetzung von Ideen in Produkte deutlich genug zu belohnen.

Das entscheidende Mittel, um die geforderte Anwendungsorientierung der Wissenschaft zu erhöhen, sind Strukturveränderungen bei der Forschungsfinanzierung.

Immer noch bekommen viele Forschungsinstitute jedes Jahr den größten Teil ihrer Mittel vom Staat, ohne dass eine unmittelbare Erfolgskontrolle gegeben wäre. Politisch-bürokratische Vorgaben werden weder den neuen Quantitäten noch der Geschwindigkeit und den Komplexitäten der innovativen Wissensgesellschaft gerecht. Notwendig ist vielmehr, dass Forschungseinrichtungen zu sich selbst steuernden Systemen werden und mehr wie Unternehmen agieren. Letztlich wird eine Selbststeuerung nicht ohne Wettbewerb mit unmittelbaren wirtschaftlichen Konsequenzen auf den Märkten für Forschung und Bildung zu haben sein.

Das kann – wie bereits skizziert – am ehesten dadurch erreicht werden, dass die staatliche Forschungsförderung in der Hauptsache über Projekte und nicht institutionell erfolgt. Aus Sicht der Industrie muss der Trend, dass die institutionelle Förderung ausgebaut wird, während die staatliche Projekt- bzw. Programmförderung deutlich zurückfällt, umgekehrt werden. Der Erfolg im Wettbewerb um Forschungsprojekte muss über das Ausmaß der Grundfinanzierung entscheiden.

Mehr Wissenschaftler müssen Unternehmer werden

Auf der Ebene der Finanzierung lässt sich beobachten, dass manche marktreife Entwicklung in Deutschland nicht umgesetzt wird, weil nicht ausreichend Risikokapital zur Verfügung steht. Insbesondere bei kleineren und mittleren Unternehmen liegen die Probleme der Innovationsfähigkeit nicht in zu geringen technischen Fähigkeiten, sondern im Mangel an Eigenkapital. Gerade Forscher, die sich mit der Vermarktung ihrer Entwicklung selbstständig machen wollen, finden nicht die besten Bedingungen vor. Deshalb fordert der BDI Steuergutschriften bei Engagements in Risikokapitalanlagen, die Steuerbefreiung re-investierter Gewinne junger Technologieunternehmen für die ersten fünf Jahre und die Steuerfreistellung von Veräußerungsgewinnen aus Beteiligungen an jungen Unternehmen.

Fazit

Insgesamt müssen wir dahin kommen, die Mechanismen der Ideenfindung, der Finanzierung, der arbeitsteiligen und interdisziplinären Forschung, der Leistungsbelohnung, der Vermarktung, der Qualifizierung – um nur die wichtigsten zu nennen – so aufeinander abzustimmen, dass aus wesentlich mehr Forschungsvorhaben Innovationen hervorgehen. Dies ist die Herausforderung, die unser Forschungssystem in den nächsten Jahren bewältigen muss.

Neue Märkte entstehen dort, wo überlegene technologische Lösungen verwirklicht, wo Erkenntnisse der Wissenschaft praktisch nutzbar gemacht werden. Dabei stehen wir vor der schwierigen Aufgabe, knappe Ressourcen in zukunftsträchtige Felder zu lenken. Wir müssen uns darüber verständigen, wo neues Wissen in Zukunft wirtschaftlichen Nutzen stiften kann.

Schwerpunkte einer Innovationspolitik für Deutschland müssen im „Trilog" zwischen Wissenschaft, Wirtschaft und Politik gefunden werden. Die unter dem Dach des BDI versammelten Industriebranchen haben einen gemeinsamen Katalog innovationspolitischer Maßnahmen in zukunftsträchtigen Feldern entwickelt, der Anstöße dazu liefert. In einer gemeinsamen Erklärung haben BDI und Wissenschaftsorganisationen vereinbart, dem Dialog Wissenschaft – Industrie mit drei Symposien in den nächsten Jahren neue Impulse zu geben. Es geht um den Versuch, gemeinsame Strategien zu finden, wie wir den Energiebedarf der Zukunft effizient decken, welche Wege wir zu einer vitalen Gesellschaft beschreiten und wie wir den Herausforderungen der Internetgesellschaft begegnen können.

Dieser Dialog soll auch dazu beitragen, noch vorhandene Kommunikationsbremsen zu lösen, damit auch der Zug Deutschland unter Volldampf in die innovative Wissensgesellschaft fährt.

Einführung in das Thema „Forschung erfolgreich vermarkten"

Thomas Brand

Der Diplom-Journalist arbeitete nach dem Volontariat bei der Westfälischen Rundschau mehrere Jahre als freier Journalist und PR-Berater. Im Rahmen dieser Tätigkeit entwarf er in enger Zusammenarbeit mit dem Referat für Öffentlichkeitsarbeit und Wissenstransfer der Universität Dortmund die Feinkonzeption der vom Ministerium für Schule, Wissenschaft und Forschung des Landes Nordrhein-Westfalen geförderten Workshopreihe „Forschung erfolgreich vermarkten" und begleitete deren Umsetzung. Heute arbeitet er als PR-Berater und -Redakteur bei der Essener PR-Agentur BlueChip.

Kostengünstiger Wohnungsbau – eine Utopie?

Nirgendwo in Europa haben so wenige Menschen Wohneigentum wie in Deutschland. Während zum Beispiel in Irland und Spanien ca. 80 % der Bevölkerung in den eigenen vier Wänden wohnen, sind es in Deutschland gerade mal zwischen 25 und 42 %. Ein wesentlicher Grund dafür sind die hohen Baukosten in Deutschland. Während z.B. ein Franzose im Durchschnitt nur knapp vier Jahreseinkommen zur Finanzierung eines Einfamilienhauses benötigt, so braucht ein Engländer oder Belgier schon fünf. In Deutschland hingegen müssen ca. zehn Jahreseinkommen aufgebracht werden. Die Bauforschung hat sich dieses Thema zu Eigen gemacht. Aktuelle Studien zeigen, dass alle Phasen des Bauprozesses Verbesserungsmöglichkeiten bieten.

So findet z. B. in der Planungsphase langsam ein Umdenkungsprozess statt. Während der Planer bislang entsprechend den anrechenbaren Bauwerkskosten entlohnt wurde, zielen neue Modelle darauf ab, den Planer an der **Kosteneinsparung** zu beteiligen. Der Ausführungsphase bescheinigen Zeitstudien des Lehrstuhls ebenfalls keine guten Noten. Sie haben gezeigt, dass die vielschichtigen Schnittstellen, wie sie bei komplexen Bauteilen auftreten, einen hohen Kosteneinfluss haben. So sind z. B. bei der Erstellung einer Badezimmerwand 8 – 10 verschiedene Gewerke beteiligt. Die Vorleistungen, die Baustoffe, die Termine, die Logistik und die persönlichen Belange der jeweiligen Handwerker müssen koordiniert, geklärt und organisiert werden. So überrascht es nicht, dass der Ausbau lediglich eine Produktivität von 38 % erreicht. Hier können durch eine Entflechtung der Gewerke bzw. durch eine (teil-)automatisierte Vorfertigung Synergieeffekte erreicht werden.

Mit Entflechtung ist in diesem Zusammenhang eine Lockerung der strengen Handwerksordnung gemeint. Fast jeder hat schon die Erfahrung gemacht, wie aufwändig es sein kann, auch kleinere Bauaufgaben durchführen zu lassen. Soll z. B. ein Dachfenster nachträglich eingebaut werden, muss der Kunde beim Zimmerer, beim Dachdecker, beim Trockenbauer oder Putzer, beim Maler, beim Elektriker usw. Angebote einholen, 6 oder 7 Verträge schließen, Termine abstimmen, Ausführungen kontrollieren und die Schlussrechnungen prüfen. Aus diesem Grund fordert der Lehrstuhl Regelungen, die es dem Handwerker erlauben, mehr Leistungen aus einer Hand anzubieten. Gewinner dabei wird nicht nur der Handwerker, sondern vor allem auch der Kunde sein.

Als Bauelemente für eine (teil-)automatisierte Vorfertigung kommen komplexe Ausbauelemente wie die oben schon angesprochene Badezimmerwand in Betracht. In der Regel spielt dabei die Integration der notwendigen Haustechnik eine entscheidende Rolle. Eine Untersuchung mit einer teilautomatisierten Fertigung, die im Abschlussbericht vorliegt, zeigt, dass bei einer Investition in Fertigungsanlagen von ca. 300.000 DM – 400.000 DM eine Einsparung von 40 – 60 % der Lohnkosten erzielbar ist. Da die Lohnkosten 40 % der Gesamtkosten verursachen, kann der Quadratmeter bei einem Werkslohn von ca. 45 DM/h und Baustellenlohn von 20 DM/h mit vergleichbaren Kosten hergestellt werden. Alleine durch den Einsatz dieser Elemente reduzieren sich die Baukosten eines üblichen Einfamilienhauses um bis zu 20.000 DM.

Die kostengünstige Erstellung von Wohneigentum ist also keine Utopie, doch ist dazu auch auf politischer Ebene ein Umdenken erforderlich. Die technische Entwicklung auf jeden Fall zeigt eine Vielzahl von Lösungsmöglichkeiten, die dem Kunden nur eröffnet werden müssen.

Hand aufs Herz: Haben Sie verstanden, was der Wissenschaftler, dessen Lehrstuhl hier nicht näher bezeichnet werden soll, mit dieser Pressemitteilung sagen wollte? Ist Ihnen in Erinnerung geblieben, wie viel Geld Sie sparen können, wenn Sie das vom Lehrstuhl entwickelte Baukonzept beim Bau Ihres Einfamilienhauses anwenden? Wissen Sie, wo etwas unternommen werden muss, damit preiswerter gebaut werden kann? – Wenn Sie alle diese Fragen mit „Ja" beantworten können, sind Sie wahrscheinlich Mitarbeiter des Lehrstuhles, an dem das Konzept entwickelt wurde.

Wenn Sie dagegen mit „Nein" antworten, dann befinden Sie sich in guter Gesellschaft mit den Teilnehmern der Workshopreihe „Forschung erfolgreich vermarkten" [1], für die diese Pressemitteilung im Rahmen einer Übung geschrieben wurde. Die Teilnehmer – acht Wissenschaftler, ein Moderator und ein Journalist – wussten nämlich mit den Aussagen der Pressemitteilung auch nicht so recht etwas anzufangen.

---

[1] Durchgeführt vom Referat für Öffentlichkeitsarbeit und Wissenstransfer der Universität Dortmund im Frühjahr 2000.

Das Beispiel ist kein Einzelfall. Auch die anderen Teilnehmer besuchten den Workshop, weil sie Nachhilfe in Öffentlichkeitsarbeit brauchten.

Der Text wurde ausgewählt, weil dessen Autor damit die *Öffentlichkeit* auf die Forschungsergebnisse des Fachbereichs aufmerksam machen wollte. Auf dem Umweg über Zeitungsleser sollte Nachfrage für das Baukonzept erzeugt werden. Bei ausreichender Nachfrage – so die Hoffnung des Lehrstuhls – würde sich auf der einen Seite auch ein industrieller Partner finden, der die Ideen in Häuser umsetzen könnte. Auf der anderen Seite ließen sich durch den Druck des Marktes die erwünschten Änderungen der „strengen Handwerksordnung" durchsetzen. Versuche, direkten Kontakt zu Unternehmen herzustellen, waren im Vorfeld gescheitert, nicht zuletzt auch – so die Darstellung des Wissenschaftlers – weil am Lehrstuhl kaum Vermarktungskompetenzen vorhanden waren.

Raus aus dem Elfenbeinturm

Die oben gestellten Fragen weisen darauf hin, warum ein solches Beispiel einer misslungenen Pressemitteilung am Anfang eines Marketingratgebers für Wissenschaftler steht: Es soll andeuten, warum es Wissenschaftlern oft nur schwer gelingt, ihre Forschungsergebnisse einer breiten Öffentlichkeit zugänglich zu machen und mit diesen Ergebnissen marktreife Produkte zu entwickeln. Die Wissenschaft bietet zwar immer wieder sinnvolle oder wichtige Lösungen für Probleme, die in Wirtschaft, Gesellschaft und Umwelt auftauchen. Gleichzeitig scheinen ihr jedoch Fähigkeiten zu fehlen, die benötigt werden, diese Lösungsansätze aus dem universitären Bereich hinaus zu transportieren.

Für den Bereich der Risikokommunikation führen Hingst/Rager/Weber [2] als Beleg das Beispiel des HI-Virus an: Als Wissenschaftler im Pariser Institut Pasteur die entscheidende Entdeckung über die Struktur des Virus machten, behielten sie dies zunächst für sich, anstatt die Öffentlichkeit aufmerksam zu machen und so das Ansehen des Instituts zu steigern. So aber konnte mit großem Paukenschlag und einer Pressekonferenz des amerikanischen Gesundheitsministeriums kurze Zeit später in den Vereinigten Staaten der Virologe Robert Gallo als der Entdecker des Virus präsentiert werden. Lange wurde ihm in der Öffentlichkeit dafür die Auszeichnung ans Revers geheftet.

---

[2] Armin Hingst, Günther Rager, Bernd Weber: Seismograph statt Sirene. Zur Frühwarnfunktion der Presse bei Umwelt- und Gesundheitsthemen. Münster 1995

16

Nun wird nicht jeden Tag an irgendeinem Lehrstuhl irgendeiner Universität etwas Vergleichbares wie das HI-Virus entdeckt. Warum also sollten Wissenschaftler ihre neuen Erkenntnisse zum Baubetrieb, zur Umform- oder Mikrostrukturtechnik, zur Organisationspsychologie oder zur Didaktik der Mathematik über ihre weitgehend geschlossenen Fachkreise hinaus veröffentlichen?

Verschiedene Gründe, die in den letzten – und sicherlich erst recht in den folgenden – Jahren zunehmend an Bedeutung gewonnen haben (bzw. gewinnen werden), lassen dieses Bestreben sinnvoll und notwendig erscheinen:

1. Wissenschaftler haben eine Verpflichtung gegenüber dem Gesetz. Dort heißt es:
   „Die Hochschulen fördern den Wissens- und Technologietransfer. Zu diesem Zweck können sie sich im Rahmen bestehender Gesetze auch privatrechtlicher Formen bedienen, die Patentierung und Verwertung von Forschungsergebnissen fördern und mit Dritten zusammenarbeiten."[3]
   Das heißt in der Praxis, dass „neben Forschung und Lehre ... Wissens- und Technologietransfer auch ... schon im derzeit bestehenden Hochschulgesetz Aufgabe der Hochschulen [ist]. Hochschulen haben somit die Aufgabe, selbst und in Zusammenarbeit mit Unternehmen, Erträge von Forschung und Entwicklung nutzbar zu machen."[4]

2. Die Politik fordert zum Wissenstransfer auf und macht davon auch Mittelzuweisungen abhängig:
   „Die wirtschaftliche Verwertung von Forschungsergebnissen zählt bislang nicht als Qualifikationsnachweis. Die Transferorientierung der Wissenschaftler muß stärker als bisher als ein Entscheidungskriterium herangezogen werden. Der Parameter Drittmitteleinwerbung bei der leistungsorientierten Mittelzuweisung an Hochschulen muß verstärkt werden. ... Erfolge bei der Drittmitteleinwerbung werden als Leistungskriterium ...belohnt ... ."[5]

---

[3] Gesetz über die Hochschulen des Landes Nordrhein-Westfalen. März 2000. Online im Internet: URL *http://sgv.im.nrw.de/gv/frei/2000/Ausg13/AGV13-1.pdf* (Stand: 4. August 2002). § 3, Absatz 5

[4] H. Pausewang: Verwertung von Forschungsergebnissen der Hochschulen. In: Kommerzielle Verwertung von Forschungs- und Entwicklungsergebnissen – Die Zukunft des Transfers – Bochum, 21. und 22. September 1999, Tagungsband, ohne Jahr und Ort, S. 17

[5] ebd. S. 21

3. Wissenschaftler haben eine Verpflichtung gegenüber Studierenden: Nicht nur die reine Lust oder gar der Arm des Gesetzes bringen Hochschulen dazu, Drittmittel aus der Industrie einzuwerben. [6] Vielmehr müssen sie Gelder für Forschung heranschaffen, wenn sie nicht auf die immer geringer werdenden Zuweisungen der Länder beschränkt werden wollen. Nur so können sie den Studenten eine einigermaßen angemessene Ausbildung garantieren. Bemühen einzelne Wissenschaftler sich nicht darum, besteht die Gefahr, dass die Studenten andere Universitäten aufsuchen, an denen es sich komfortabler studieren lässt.

4. Wissenschaftler haben eine gesellschaftliche Verpflichtung: Die Forschungsergebnisse, die, wie oben erwähnt, immer wieder sinnvolle und wichtige Lösungsansätze für Probleme des – mehr oder weniger – täglichen Lebens bieten, gehören nicht in die Schublade eines Universitätsprofessors, sondern dahin, wo sie an der Praxis getestet werden können. Und dies gilt durchaus für alle Bereiche der Forschung. [7]

5. Mittlerweile verlangen zahlreiche nationale Forschungsfördereinrichtungen in Europa und auch die Europäische Kommission für ihre Forschungsprojekte von den antragstellenden Wissenschaftlern eine Darlegung, wie die gewonnenen Forschungsergebnisse Eingang in die Praxis finden – sprich verwertet werden sollen.

6. Zusammenfassend lässt sich mit Heinisch/Lanthaler sagen:
„[Die] funktionierende Informationstätigkeit der Universität [kann] einen Ausweg aus der bildungsfinanzpolitischen Sackgasse darstellen. Sowohl durch direkte Kommunikation mit Geldgebern als auch durch einen Meinungsbildungsprozeß in der Öffentlichkeit können zusätzliche Ressourcen mobilisiert werden. ... Ausreichende Information schafft Vertrauen. Dieses Vertrauen erhöht den Glauben an die Wissenschaft und schafft damit Verständnis für die Probleme derer, die sich mit ihr beschäftigen – die Hochschulen. Eine qualitativ und quantitativ

---

[6] Hochschulen haben 1987 96 Millionen Mark aus der Industrie eingeworben. 1997 waren es 233 Millionen. 1999 wurden etwa 250 Millionen Mark erreicht. Vgl. Pausewang, Tagungsband, S. 18

[7] Beispiele für sinnvolle Forschungsergebnisse lassen sich in allen Forschungsgebieten finden. Hier sei nur eines aus einem Fachbereich genannt, bei dem die Vermutung zunächst nicht nahe liegt, dass es dort wirklich bahnbrechende oder aufregende Forschung gibt: Prof. Dr. Erich Ch. Wittmann und Prof. Dr. Gerhard N. Müller (beide Fachbereich Mathematik, Institut für Entwicklung und Erforschung des Mathematikunterrichts, Universität Dortmund) entwickelten für den Mathematikunterricht an Grundschulen das völlig neue didaktische Konzept „mathe 2000". Dieses Produkt wurde nach Aussage von Maria Wieghardt, Ernst Klett Verlag, 1998 bereits an etwa der Hälfte der Regelgrundschulen Nordrhein-Westfalens im Mathematikunterricht eingesetzt.

verbesserte Kommunikationstätigkeit muß somit als zentrales Konzept bei der Lösung der aktuellen Probleme der Universitäten angesehen werden."[8]

Neben den eher weichen Kriterien der letzten vier Abschnitte kommt hier also noch ein hartes Argument dazu, das Wissenstransfer nicht nur sinnvoll, sondern geradezu notwendig erscheinen lässt: Es existiert zwar heute viel „kulturelles Kapital"[9] in Form von Fachwissen an Universitäten und außeruniversitären Forschungseinrichtungen, ökonomisches Kapital dagegen wird zunehmend Mangelware, da Finanzzuweisungen von Land, Bund oder Europäischer Union immer spärlicher fließen. Auch wird der Wettbewerb um Gelder von Stiftungen, Deutscher Forschungsgemeinschaft und anderen Fördereinrichtungen zunehmend härter. Gerade diese Organisationen verlangen daher immer häufiger den Dialog der Wissenschaftler mit der Öffentlichkeit. Sehr anschaulich zeigt dies zum Beispiel die Initiative PUSH (Public understanding of Sciences and Humanities) des Stifterverbands für die deutsche Wissenschaft.[10] Dort heißt es im Memorandum zum Dialog zwischen Wissenschaft und Gesellschaft:

> Wegen ihres hohen Spezialisierungsgrades haben die Wissenschaften in ihren Teilgebieten jeweils eigene Sprachen entwickelt, die in der Regel für Nichtwissenschaftler nicht nur die wissenschaftlichen Inhalte undurchschaubar, sondern auch die Methoden und Verfahren schwer zugänglich machen. Damit ist das Problem der Experten-/Laienkommunikation angesprochen, die – soweit sie sich auf eine breite Öffentlichkeit als Adressatin bezieht – in Deutschland weniger entwickelt ist als in anderen Ländern. Die Aufforderung, hier neue Wege zu finden, richtet sich nicht etwa nur an Schulen, Wissenschaftsjournalisten und Wissenschafts-PR-Fachleute, sondern auch und vor allem an die Wissenschaftlerinnen und Wissenschaftler selbst.[11]

---

[8] Michael Heinisch, Werner Lanthaler: Im Brennpunkt Universität – Neue Wege der Öffentlichkeitsarbeit. Heidelberg 1993, S. 13ff

[9] Zum Begriff des „kulturellen Kapitals" vgl. Pierre Bourdieu: Ökonomisches Kapital, kulturelles Kapital, soziales Kapital. In: Reinhard Kreckel (Hg.): Soziale Ungleichheiten. Soziale Welt, Sonderband Nr. 2/1983. Göttingen 1983

[10] Informationen über die Initiative im Internet: *http://www.stifterverband.org/push_startseite.html*. Abfragedatum: 4. August 2002

[11] Stifterverband für die Deutsche Wissenschaft (Hg): Memorandum – Dialog Wissenschaft und Gesellschaft. Online im Internet unter: *http://www.stifterverband.org/push_memorandum.html*. Erstelldatum 1999. Abfragedatum: 4. August 2002

Marketing kann man lernen

Der erwähnte Workshop hat gezeigt: Marketingkompetenzen kann man sich aneignen – ohne allzu große finanzielle Mittel und hauptsächlich durch Initiative der Wissenschaftler, die im Kontakt mit möglichen Geschäftspartnern stehen. Das vorliegende Buch soll einen Überblick geben über eine Reihe notwendiger Fähigkeiten und Elemente. Es soll gleichzeitig zum Ausprobieren anregen – ein Handbuch also mit vielen praktischen Tipps.

Marketing und Kommunikation – eine Einführung

Gerdum Enders

Gerdum Enders ist seit vielen Jahren als Unternehmensberater aktiv und arbeitete u. a. für Swatch, Thonet, Carrera, Vorwerk, Vobis, Karstadt und Leonardo.

Basierend auf diesen Erfahrungen entwickelte er in seiner Doktorarbeit eine Synthese aus Semiotik und Systemtheorie. Sein Fazit: „Vernetzte Zeichenstrategien führen in Zukunft zum Bedeutungsmanagement." Er fordert integrierte Produkt- und Kommunikationskonzepte und ist überzeugt, dass beides in Zukunft nicht voneinander zu isolieren ist.

1995 gründete er mit Partnern das Global Mind Network, ein Experten-Wissensnetzwerk, das sich basierend auf der Anwendung von vernetzter Semiotik mit der Entwicklung der Methodik des Bedeutungsmanagements befasst.

Heute berät er Handelskonzerne, Konsumgüterhersteller und Institutionen in strategischen Fragen.

In der angewandten Forschung ist er als Lehrbeauftragter an der Fachhochschule Hannover [Fachbereich Design und Medien] in transdisziplinären Projekten tätig.

Kontakt: *http://www.global-mind.net* – E-Mail: ge@global-mind.net

Einleitung

Der Wissenschaftler entwickelt Theorien und Modelle, die helfen, die Welt besser zu erklären. Sein Produkt ist Wissen, seine Situation ist typischerweise folgende: Die Wahrscheinlichkeit, dass Forschung als universitäres Wissen zufällig den Weg zum Kunden findet, ist gering. Die zukünftige Herausforderung lautet: Forschung vermarkten. Damit die Vermarktung erfolgreich wird, bietet es sich an, einen Blick auf die ökonomische Theorie der Vermarktung zu werfen: hier gibt es das „Wissen", wie man Wissen auf den Markt bringt.

Vorweg der Situationsabgleich: Wir haben heute gesättigte Märkte und damit ein Zuviel an Produkten. Wir sind nicht nur eine Überflussgesellschaft, wir haben auch eine Überinformationsgesellschaft mit zu viel Angeboten an „Wissen". Mehr noch, auch andere wollen ihr Wissen als Produkt vermarkten: Berater, Institute und unzählige Universitäten. Somit hat auch die Forschung einen Markt, und auf diesem herrscht Wettbewerb und damit sind wir schon mitten im Thema: Kunden, Zielgruppen, Kommunikationsstrategien; der vorliegende Vermarktungsratgeber liefert einen einführenden Überblick.

Um eine alte Unschärfe gleich vorweg zu klären: Marketing ist nicht Werbung – hat aber viel mit Kommunikation zu tun. Und Forschung muss kommuniziert werden: als Bericht, PR oder Firmenvortrag, um als Produkt auf dem Markt des Wissens existent zu werden. All das will geplant sein. Der folgende Beitrag beschäftigt sich mit dem Forschungswissen der Marketingtheorie, die praxisnah dargestellt wird, denn es geht darum: „Forschung als Produkt und Dienstleistung" verstehen zu lernen, gezielt zu vermarkten und zu kommunizieren.

Der elementare Perspektivenwechsel besteht darin, aus der theoretischen Ware „Forschung" ein praktisches Produkt für die Kunden zu machen. Eine Unterscheidung in Grundlagen- oder Zweckforschung ist deshalb für die Intention dieses Artikels ebenso unnötig wie eine Betrachtung aller verschiedenen Wissenschaftsdisziplinen, die zwar andere Inhalte verfolgen, bei der Vermarktung aber trotzdem von einem einheitlichen Marketingansatz ausgehen können. Wo zukünftige Potenziale liegen, will dieser Ratgeber zeigen.

Weil der Verfasser davon ausgeht, dass der Wissenschaftler neugierig und auch transdisziplinär interessiert ist, beginnt der Artikel mit einer kurzen historisch-theoretischen Einordnung. Danach geht es ins Zentrum, den Kern des Forschungsgeschäfts. Dabei werden dem Leser verschiedene Begrifflichkeiten vorgestellt und erläutert:

- Vision
- Ziel
- Strategie
- Produkt
- Kommunikation
- Kunden

1. Die Geschichte des Marketing

Einen pragmatischen Zugang zur zentralen Idee des Marketing bietet die Entwicklungsgeschichte unserer Märkte. Je nach Entwicklungsstand der Anbieter-Nachfrager-Relation gab und gibt es immer wieder neue Herausforderungen. Im Zuge der Evolution der Märkte und deren Bearbeitung ist heute Non-Profit-Marketing ebenso etabliert wie Dienstleistungsmarketing. Wichtiger als theoretische Feinheiten sind an dieser Stelle die Hintergründe der Entwicklung; dazu ein Blick auf die Entstehungsgeschichte:

Produktionsorientierung [vorherrschend bis in die 50er Jahre des letzten Jahrhunderts]
Nach Beginn der Industrialisierung liegt die Herausforderung in der Beschaffung und Produktion. Man spricht von einem Verkäufermarkt, denn der Verkauf war so problemlos wie in den ehemaligen Planwirtschaften.

Verkaufsorientierung [50er bis Ende der 70er Jahre]
Erste Sättigungserscheinungen als Konsequenz des Nachkriegswirtschaftswunders zeigen sich. Die Konsequenz: Die produzierte Ware muss irgendwie abgesetzt werden. Die Phase des Hardsellings beginnt – Produkte zu bewerben wird wichtig.

Marketingorientierung [ca. 70er bis Mitte der 80er Jahre]
Der Markt ist gesättigt. Der Kunde gerät in den Mittelpunkt der Überlegungen. Welche Bedürfnisse hat er? Was braucht er? Problemlösungen wie der „Vileda-Wischmopp" zeigen exemplarisch die Auswegsuche aus dem Überangebot.

Strategisches Marketing [ab ca. Mitte der 80er Jahre]
Erste Ressourcenverknappungen und die Umweltbelastungen werden deutlich, begleitet werden sie vom gesellschaftlichen Wertewandel. Marketing entwickelt sich als ganzheitliche Unternehmenspolitik mit langfristiger Ausrichtung, d. h. alle Systemelemente werden als Marktpartner verstanden.

Wie jede lebendige Theorie hat auch das Marketing in seiner Geschichte eine Vielzahl spezieller Themen untersucht. Ein Praxisratgeber sollte jedoch den zentralen Fokus definieren, denn er findet sich in allen „Marketing-Problemen" wieder. Philip Kotler, einer der weltweit führenden Marketing-Wissenschaftler bietet folgendes Grundverständnis:

Das Marketing-Management umfasst die Analyse, Planung, Durchführung sowie die Kontrolle von Programmen, die dazu bestimmt sind, gewinnnbringende Austauschprozesse mit einer bestimmten Zielgruppe zu entwerfen, aufzubauen und zu erhalten, in der Absicht, die Unternehmensziele zu erreichen.

[Philip Kotler]

2. Der Kern des Marketing: Forschung – kundengerecht

Die Grundidee des Marketing ist mehrere Jahrzehnte alt. Auf den Punkt gebracht, bedeutet sie für Wissenschaftler nichts anderes, als dass diese als Wissensproduzenten versuchen, die Probleme der Wissensnachfrager zu lösen.

> Selling focuses on the needs of the seller, marketing on the needs of the buyer. Selling is preoccupied with the seller´s need to convert his product into cash, marketing with the idea of satisfying the needs of the customer by means of the product.

[Theodore Levitt]

Der Produzent schafft also nicht Wissen, um dann zu überlegen, wen dieses Wissen interessieren könnte (Verkaufsorientierung), sondern der Markt wird vor der Produktion analysiert: Wer braucht was und warum? Für die Vermarktung von Wissen heißt das nichts anderes, als dass Sie sich fragen müssen: Forsche ich (lieber) für mich oder möchte ich, dass mein Wissen tatsächlich am Forschungsmarkt nützlich ist?

Dabei muss der Forschungsmarkt nicht nur als Zweckforschung (Vertrags- und Industrieforschung) verstanden werden, auch Grundlagenforschung hat in der Scientific Community Kunden, die von verschiedenen Wettbewerbern erreicht werden wollen. Auch ein Geisteswissenschaftler kann seine Ware „Philosophie" beispielsweise als Vortrag „Über den Umgang mit der Zeit" vermarkten.

Dieses entspricht der Nutzung der Marketingidee: die Ware „Forschung" zu planen bewirkt einen nutzbringenden Austauschprozess mit den potentiellen Käufern und das Kommunizieren der Produktleistungen ist integraler Baustein der Marketingorientierung. All das soll unter „Forschung vermarkten" verstanden sein.

Erfolgreiche Vermarktung von Forschung heißt nun, diesen gesamten Prozess integriert zu analysieren, zu planen und zu steuern. Das entspricht der Idee einer bewussten Gestaltung der Marktbeziehung (Marketing-Management).

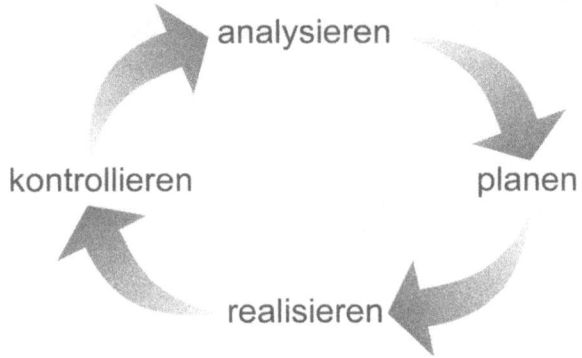

Analyse: Der Forschungsmarkt: Was wollen die Kunden und was bieten die Wettbewerber schon?

Planung: Der Ausgangspunkt ist nicht die Frage, was man erforschen kann, sondern welche Forschung der Markt sucht.

Realisierung: Wie sieht das Produkt Forschung aus? Was kostet es? Und wie wird es vertrieben und kommuniziert?

Kontrolle: Sind die geplanten Ziele erreicht? Wenn nicht, bedarf es wieder einer Analyse, um erneut zu planen.

3. Übersicht: Fünf Schritte zum Marketing

Um Forschung erfolgreich zu vermarkten, muss der Forscher nicht nur den operativen Prozess der kurzfristigen Vermarktung von Forschung verstehen, sondern sich auch mit der langfristigen strategischen Seite des Forschungsgeschäfts befassen. Auch auf den Forschungsmärkten herrscht Wettbewerb. Ein heute vorhandener Wettbewerbsvorteil als Wissensvorsprung oder eine anschaulichere Kommunikation komplexer Forschungssachverhalte kann schnell von der Konkurrenz kopiert oder überboten werden. Hier setzen die strategischen Überlegungen von Marketing an. Aus diesem Grund erhalten diese auch ein Schwergewicht in der folgenden Darstellung.

Um das Vorgehen übersichtlich und transparent zu machen, wurde eine Darstellungsweise gewählt, die den Ablauf einer Marketingplanung als mehrstufigen Ablauf zeigt. Dabei richtet sich der Fokus primär auf die Nachvollziehbarkeit und die Anwendung durch Nicht-Marketer; die theoretischen Hintergründe der Marketing-Methodik treten in den Hintergrund. Weil die einfachen Dinge oft die schwierigsten sind – und dies gilt nicht nur für Forscher –, werden durch einfache und klare Fragestellungen die wesentlichen Denkschritte als Leitfaden zu den jeweiligen Arbeitsphasen geboten.

3.1 Marketing heißt: die zentralen Fragen klären

- Wer bin ich und wo will ich hin?
- Wer sind die anderen und wo sind sie?
- Was will ich wem anbieten?

 Von der entwickelten Strategie zum Marketing-Mix

- Mein Produkt?
- Meine Kommunikation?

Üblicherweise gehören noch Preis und Vertrieb in die Betrachtungsebene des Marketing-Mix. Sehen wir Forschung als Ware, ist der Preis eine rechnerisch zu bestimmende Größe: Was kostet die Erkenntnis anderswo? Ähnlich leicht zu beantworten ist die Frage des Vertriebes – er wird wohl meist direkt durch den Forscher erfolgen: in Form eines geldwerten Vortrags oder als Berichtsband oder Artikel. Die Herausforderung liegt damit im Perspektivenwechsel, Forschung als Ware zu verstehen und ihre Kommunikation konsequent zu optimieren. Damit sind wir mitten im Thema: Marketing hat nur Bestand, wenn es gelebt wird. Dazu müssen Sie die Fragen an sich selbst, den Markt, die Wettbewerber und die Kunden beantworten.

3.2 In fünf Schritten zum Marketing: Die Fragen an den Forscher

3.2.1 Der erste Schritt: Wer bin ich und wo will ich hin?

Die ersten Fragen sind die Fragen an sich selbst. Denn erfolgreiches Arbeiten am Forschungsmarkt braucht das reflektierte Wissen um die eigene Identität und eine bildhafte Klarheit der Vision. Beide Punkte bilden die Essenz jeder weiteren Planung. Deshalb an dieser Stelle die Empfehlung, sich nicht nur genügend Ruhe für die Beantwortung der Fragen zu nehmen, sondern auch diesem zentralen Klärungsprozess ausreichend Zeit zu geben. Es kommt nicht darauf an, innerhalb einer Woche diesen ersten Fragenkomplex abzuhaken. Vielmehr sollte man sich mit ausreichender Zeit grundlegende Sicherheit über seine Ziele verschaffen, um so den Weg auf dem Forschungsmarkt für mehrere Jahre zu bestimmen. Dazu die Fragen:

Wer bin ich als Forscher am Markt?

- Was ist mir bei meiner Arbeit und Forschung wichtig?
- Welche Werte leiten mich?
- Welches sind meine Stärken und Schwächen in Bezug auf das Vermarkten? Bin ich ein guter Redner, kann ich gut kontakten etc.?
- Integrieren Sie auch die Fremdwahrnehmung: Was halten meine Kollegen von mir und meiner Arbeit? Wie schätzen mich die bereits gewonnenen Kunden ein?

 Identität: Man muss sich vergewissern, wer man ist.

VORSCHLAG:
Machen Sie sich zu obigen Fragen eine Mindmap – eine visuelle Ideenstruktur. Ihr Schaubild bildet eine vernetzte Landkarte der Antworten zum Thema „Wer bin ich als Forscher im Markt?"

Wo will ich hin?

- Bin ich mit dem zufrieden, was ich heute erforsche und produziere?
- Was will ich gerne erforschen?
- Mit wem will ich gerne zusammenarbeiten?
- Was sind meine Wunschprojekte?

 **Vision:** Man muss wissen, was und wohin man will.

VORSCHLAG:
Machen Sie sich ein Bild von Ihrer Zukunft.
Den eigentlichen Anspruch an sich und das zukünftige Arbeitsleben sollte man authentisch klären. Auch wenn es für viele ungewohnt ist, das bildhafte Denken ist das ursprüngliche und bietet zu obiger Mindmap die visuelle Symbiose.

Durch das Arbeiten mit Bildern können Sie Ihr Zukunftsgefühl testen. Die Vorgehensweise: Nehmen Sie Zeitschriften und selektieren Sie intuitiv Bilder, die Sie und Ihre Zukunft abbilden. Aus diesem Fundus collagieren Sie Ihr Zukunftsbild. Es kann ein neues Labor, ein gemischteres Team, einen schönen Ort, neue Arbeitsbilder, mobilere Technik … ans Licht bringen: Ihre Vision.

3.2.2 Der zweite Schritt: Wer sind die anderen und wo sind sie?

Forschung als Ware zu verstehen heißt, zu begreifen, dass auch andere die Ware „Forschung" feilhalten. Wie auf dem Wochenmarkt muss man sich orientieren, um zu sehen, wer was anbietet, und die Angebote in die Hand nehmen, um die Qualität einzuschätzen. Und genau wie auf dem Wochenmarkt muss man sich auch darüber im Klaren sein, dass es Kartoffeln auch im Supermarkt gibt oder durch den Bringdienst direkt vom Ökobauern, und dieser Wettbewerb ist nicht nur im Bodenfruchtsegment so dynamisch. Das heißt, je besser der Forscher weiß, mit wem er im Wettbewerb steht, desto präziser kann er sein Produkt, seine Ware „Forschung", planen, produzieren und kommunizieren.

Dazu die Fragen:

- Wer sind die anderen ?
- Wer sind meine Wettbewerber?
- Wer ist mein größter Wettbewerber und warum?
- Welche nicht universitären Anbieter gibt es?
- Wer könnten morgen weitere Wettbewerber sein?

VORSCHLAG:
Erarbeiten Sie obige Fragen systematisch, idealerweise gleich in Ihrem Team. Sie sollten die Wettbewerbsanalyse als Zukunftsversicherung sehen, denn diese Analyse zeigt die Strukturierung des gesamten relevanten Marktes. Sie brauchen diesen Marktüberblick um zu wissen, was als Ware „Forschung" heute geboten wird und was morgen kommen könnte. Hilfreich ist hierbei eine vergleichende Darstellung, z. B. als Überblickschart.

Wo stehen Sie in Relation zu den anderen?

- Wie kommunizieren die Wettbewerber ihre Leistungen nach außen? Was sind die Vorteile/Argumente, die für deren Leistung sprechen?
- Was ist der Unterschied zu Ihrer Forschungsleistung?

- Gibt es einen Unterschied im Produkt?

- Gibt es einen Unterschied in der Kommunikation nach außen z. B. andere Maßnahmen, andere Kommunikationswege?

VORSCHLAG:
Strukturieren Sie Ihr Wettbewerbsfeld. Wie könnten Sie das Leistungsspektrum beschreiben (Forschungstiefe, Praxisbezug etc.)? Versuchen Sie möglichst präzise die differenzierenden Merkmale der Anbieter am Forschungsmarkt abzubilden.

> **EIN TIPP:** Auch in der Forschung geht es um den Unterschied. Hilfreich hierbei kann ein visuelles Modell des Marktes sein. Tragen Sie die verschiedenen Positionen der Wettbewerber in eine Landkarte des Forschungsmarktes ein – versuchen Sie, die „Himmelsrichtungen" zu bestimmen.

3.2.3 Der dritte Schritt – die strategische Frage: Was will ich wem anbieten?

Die Strategie ist die langfristige Orientierungslinie für die Planung. Sie enthält Grundsatzentscheidungen: Welchen Markt möchte man mit welchen Kunden und mit welchen Produkten bearbeiten? Die Kombination dieser Überlegungen bietet dann die Leitlinie, anhand derer man die operative Planung entscheiden kann. Planung bedarf einer ausgearbeiteten Strategie, sonst droht die Gefahr einer operativen Hektik im Jetzt. Strategie ist in die Zukunft gerichtet, deshalb müssen vorab die Entwicklungsmöglichkeiten von Außen- und Innensystem analysiert werden:

- Die Außensicht: Was wird sich wie entwickeln?
  Das heißt: Welche Chancen und Risiken sehen Sie in Ihrem Markt?

- Die Innensicht: Was braucht die „Forscher-Organisation" demnächst?
  Das heißt: Welche Stärken und Schwächen hat ihr Institut/ihre Organisation?

Aus diesen Informationen schaffen Sie sich ein strategisches Spielfeld. Damit können Sie verschiedene Alternativen aufstellen, wie Sie in Relation zur Marktentwicklung stehen. Im Abgleich mit Ihrer Identität und Ihrer Vision entwickeln Sie daraus Ihre persönliche Strategie:

 Dadurch unterscheide ich mich morgen vom Wettbewerb
= Strategie

Die Strategie, also der langfristig zu entwickelnde Unterschied, hat zwei Festlegungen: materiell/funktional und immateriell/emotional.

- Materiell: Was bietet meine Forschung/meine Organisation?

- Immateriell: Mit welchem Stil, welcher Tonalität stelle ich Forschung dar?

Die zweite Ebene wird in gesättigten Märkten immer grundlegender. Denken wir an Unterschiede im Treibstoffbereich: Ist Benzin von DEA materiell anders als das von Aral oder Esso? Der Unterschied entsteht hier immateriell: „Da tanke ich auf." Der Mensch wird beim Tanken netter betreut. Das ist der Mehrwert, der im Markt wahrnehmbar als Markenidentität erfahrbar ist.

Vielleicht wird der eine oder andere meinen, dass hier nur über die Werbung manipuliert wird. Aber: Wirklichkeit entsteht dadurch, dass es ein Produkt gibt und dass über dieses kommuniziert wird. Als die A-Klasse von Mercedes-Benz beim „Elchtest" umkippte, musste die Konzern-Kommunikation mit Schaltung der Boris Becker-Anzeige das Gefühl für die innovative Entwicklung korrigieren: „Wer keine Fehler macht ist stark – wer aus Fehlern lernt ist stärker."

EIN DENKANSTOSS: Glauben Sie nicht an den „homo oeconomicus". Märkte brauchen das gute Gefühl, das Immaterielle, einen Anspruch hinter der vordergründigen Produktleistung – im Marketing nennt man das Positionierung. Auch Sie können sich darüber Gedanken machen, welche Rolle Sie im Forschungsfeld glaubhaft einnehmen können – welche „Marke" ihre Forschung wäre.

Nach Festlegung der Positionierung, also der Bestimmung des Unterschieds zu anderen Forschungsorganisationen, muss das Arbeitsfeld analysiert werden. Damit sind wir beim Markt. Die Strategie beinhaltet, dass man nicht irgendeinen Markt zu haben glaubt, sondern Segmente und Zielgruppen kennt.

Definieren Sie Ihren Markt:
Ziele setzen und Zielgruppen bestimmen

- Welches Segment [Kuchenstück] des Gesamtmarktes fokussieren Sie?
  Beispiel Automobilmarkt: Bereich Fertigungstechnik

- Gibt es eine Nische in der noch kein Wettbewerb stattfindet?
  Beispiel Fertigungstechnik: Folgeverbundfertigung für IT-Cases

- Die Zielgruppe: Welche „typischen" Kunden gibt es und was suchen diese?
  Fachfixierte Manager, „Hands-on"-Unternehmer, Vortragsveranstalter

Ihre Strategie ist das Konzentrat aus allen vorangegangenen Überlegungen und fokussiert Ihre langfristigen Ziele, z. B. Wo will ich in fünf Jahren stehen? Den Weg dorthin beschreibt die Strategie. Diese klärt also nicht die Frage: Wie gewinne ich einen neuen Kunden? (Wie verkaufe ich heute meine Forschung?), sondern: Wie gewinne ich langfristig ein unverwechselbares Profil, d. h. was ist in Zukunft mein Unterschied am Markt? Die Klarheit hierüber leitet Sie dann durch das Jahresgeschäft.

> **EIN MUSS:** Fixieren Sie Ihre Strategie, leiten Sie überprüfbare Ziele ab! Das schafft die Grundlage für die Planung. Auch hier gibt es wieder materielle, also quantifizierbare Ziele und immaterielle, qualitative Ziele. Beide Ebenen sollten in der Zielplanung berücksichtigt werden.

Beispiele für eine quantifizierbare Zielsetzung

* Jährliche Steigerung des Umsatzes aus Forschungsaufträgen um 15 %

* Gewinnung von zwei attraktiven Großkunden aus der Industrie

* Teilnahme an fünf Praktiker-Seminaren in diesem Jahr

* Erstellung einer Imagebroschüre, die das Leistungsspektrum vermittelt

Beispiele für qualitative Zielsetzung

* Imagewandel vom Forscher zum Praxisunterstützer

* Erwähnung in einer Praktiker-Zeitschrift als fachkompetenter Entwickler

> **EIN TIPP:** Bauen Sie sich Ihren zunächst gedachten strategischen Raum als tatsächlichen – also sichtbaren – Raum auf. Strategische Gedanken ohne visuell-räumliches Abbild, rein mental, zu verarbeiten, ist nur bis zu einem gewissen Grad möglich. Man neigt dazu, sich an einfach verstehbaren Details aufzuhalten und zu verfangen – vielleicht kennen Sie das aus Meetings. Strategie hat aber immer mit Überblick zu tun.

Ein Chart, das die Analyseschritte der Strategie visuell fixiert, kann hier gute Dienste leisten. Auf einen Blick können Identität, Vision, Wettbewerb, die eigene Positionierung, Marktsegment/Nische und Zielgruppe erfasst werden – das hilft bei der weiteren Planung und kann permanent ergänzt werden.

3.2.4 Der vierte Schritt: Mein Produkt?

Aus der entwickelten Strategie wird der operative Marketing-Mix abgeleitet. Abgestimmt werden die „four P's: Product, Price, Place, Promotion" (Ansoff). Der Kern im Marketing-Mix ist und bleibt das Produkt. Ohne Produkt brauche ich keinen Vertrieb (place), ich brauche mir keine Gedanken über den Preis zu machen und es gibt nichts zu kommunizieren.

Das zentrale Element, die Ware „Forschung" ist der Kern dieses Vermarktungsratgebers. Unser elementarer Perspektivenwechsel besteht darin, aus der theoretischen Ware „Forschung" ab sofort ein praktisches Produkt für Ihre Kunden zu machen. Der Weg dahin ist abhängig von Ihrer Strategie. Hier haben Sie für sich eine Position im Markt festgelegt; jetzt müssen Sie sich auch kritisch fragen: Habe ich die richtigen Produkte dafür?

Wie in jeder Branche kann man davon ausgehen, dass es nichts gibt, was nicht verbessert werden könnte. Mit dem Perspektivenwechsel zur Ware „Forschung" sollte auch ein Denkwandel in der Bewertung der bisherigen Produkte erfolgen.

Dazu folgende Fragen als Bestandsaufnahme:

- Welchen Nutzen bietet meine Forschung den anvisierten Zielgruppen?

- Welche Vorteile hat meine Forschung für den Kunden?

- Wie sieht meine Forschung als Ware aus? Ist sie übersichtlich, gut für Nicht-Forscher zu verstehen? Hat sie eine ansprechende Verpackung und ist sie grafisch aufbereitet?

Eine weitere nützliche Perspektive: Forschung sendet „Zeichen". Das Produkt „Forschung" ist eine Menge an Zeichen, die Sie an Ihre Kunden senden und die er wahrnimmt und bewertet. Es steht in Ihrer Macht, die Forschung zu gestalten – genauso wie Sie gut gestaltete Produkte wie Autos oder Laptop erwarten. Die Produktpolitik befasst sich aber nicht nur damit, wie die bestehenden Produkte zu optimieren sind, sondern was in Zukunft angeboten werden kann.

Innovationen: Die Produkte von morgen

- Welche Bedürfnisse haben Ihre Kunden?

- Wie wollen Sie Informationen aufnehmen?

- Was könnten Sie heute erforschen, das morgen ein Thema wird?

- Welche „PR-wirksamen Produkte" sind in ihrer Organisation machbar?

Noch ein paar Anmerkungen zur Produktpolitik. Forschung als Ware kann man auch auf der Ebene eines Sortiments verstehen. Hier sollte man darüber nachdenken, wem man was anbietet und was das Verbindende im Angebot ist.

Beispielsweise: „Kontakt" via Diplom, Forschung light oder große Analyse.

3.2.5 Der fünfte Schritt: Meine Kommunikation?

In der Mediengesellschaft stellt sich nach wie vor die Frage: Was ist gelungene Kommunikation? Jenseits der Sender-Empfänger-Modelle geht es darum, was der Altkanzler Helmut Kohl einmal als „Wichtig ist, was hinten rauskommt" bezeichnet hat. Hier stehen wir vor der Herausforderung, dass Sie als Forscher intuitiv in das Feld der Wissenschaft eingeordnet werden. Es gibt nicht Nicht-Kommunikation, d. h., der Kunde hat immer ein Bild von Ihnen – vielleicht: „Das ist einer der Theoretiker."

Auch Ihr Produkt kennt der Kunde nicht wirklich. Er hätte ja auch nicht die Zeit, Monate, vielleicht Jahre daran zu forschen. Also muss die Leistung kommuniziert werden und zwar so, dass der Kunde sie einfach aufnehmen kann und sofort ihren Nutzen und den der Ware versteht. Und schließlich muss die Kommunikation auch die relevanten Kunden erreichen. Hierzu einige Fragen:

Bestandsaufnahme – Kommunikation

* Haben Sie ein CD (Corporate Design), das Ihren Anspruch vermittelt?
* Haben Sie Ihre Markt-Kommunikation geplant und budgetiert?
* Welche Kommunikationswege nutzen Sie außer Vortrag und Berichtsband?
* Was kommuniziert Ihre Forschung?
* Woran erkennt der Kunde sofort den Praxisbezug?

Kommunikation ist sehr vielfältig, bietet jedoch den Schlüssel zu den Kunden. Dabei vermitteln Zeichen, die wahrgenommen werden, Bedeutung. Sie können für sich überlegen, auf welchen ungenutzten Wegen Sie noch Zeichen senden können. Das Verbindende zwischen den Zeichen, die Sie senden, ist das im Vergleich zu anderen Produkten einzigartige Merkmal Ihres Produkts, das Sie in Ihrer Strategie herausgearbeitet haben:

Was ist noch machbar? – Neue Wege in der Kommunikation

- Mit wem könnten Sie in der Forschung kooperieren?
  Wie könnte eine gemeinsame Kommunikation aussehen?

- Könnte man Ihre Forschung als Publikumsausstellung für einen Kunden inszenieren und aufbauen (Beispiel: die Ausstellung „Körperwelten")?

- Könnten Sie einen selbsterklärenden interaktiven Berichtsband herstellen, eine Multimediapräsentation also, die an potenzielle Kunden versandt werden kann?

- Wie könnte die Forschung emotionaler vermittelt werden? Gibt es Erlebnisse oder Sinnesreize, die Sie vermitteln können?

- Welches Bildmaterial illustriert die Forschung? Wie kann es spektakulär und interessant dargeboten werden?

Die Kommunikation schafft die Wirklichkeit über Ihre Forschung – hier lohnt es sich, nach neuen Wegen der Kommunikation zu forschen. Fassen Sie Ihre Ansätze zusammen und stellen Sie sich Ihre Kommunikationsplanung jahresweise zusammen als Kommunikationsstrategie mit Detailzielen.

4. Zusammenfassung

Forschung erfolgreich vermarkten heißt: Wissen als Produkt zu verstehen.

Aus eigener Erfahrung wissen Sie, dass Sie ein Produkt nur interessiert, wenn es für Sie nützlich ist. Angenommen Sie wollen einen Beamer kaufen, um Ihre Forschung außer Haus professionell zu präsentieren – wie gehen Sie vor? Sie sondieren den Markt anhand von Kommunikationsmaterial, Sie fragen Kollegen, Sie prüfen, wie hoch Ihr Beschaffungsbudget ist, und Sie prüfen das Gerät. All das ist Vermarktung, und zwar betrachtet aus der Kundenperspektive.

Das Produkt, das für Sie passt, das den kleinen, aber entscheidenden Unterschied hat, werden Sie kaufen. Es ist das Produkt, das den größten Vorteil für Sie hat und damit am besten seine Unterschiede kommuniziert. Marketing systematisch zu planen heißt, das Produkt in den Kern der Überlegungen zu stellen.

 Seien Sie ehrlich zu sich:

Wer braucht Ihr Wissen? Welches Nutzer-Problem löst Ihre Forschung?

Wenn ein wirklicher Nutzen existent ist, steht einer erfolgreichen Vermarktung nichts im Wege. Allerdings ist Marketing kein Patentrezept, d. h., mal einen Nachmittag „Marketing-Ideen" sammeln führt nicht zum Erfolg. Analog zu Ihrer Arbeitsweise geht es auch bei der Konzeption einer Vermarktungsstrategie um systematisches Untersuchen, um Analysieren und Verdichten, bis Sie zu dem Modell kommen, das den Markt am besten abbildet. Und so wie Forschungsmodelle geprüft und getestet werden, müssen auch Vermarktungsstrategien ihre Funktionstüchtigkeit unter Beweis stellen. Vielleicht waren alle mit der gefundenen Strategie zufrieden – der Markt reagiert aber nicht auf die daraus abgeleiteten Kommunikationsmaßnahmen. Hier muss weitere Entwicklung einsetzen und nach und nach wird ein Erfahrungsschatz wachsen, der Ihnen als extrafunktionale Qualifikation erhalten bleibt.

Mit Ihrem Eindringen in den Markt werden Sie sich mit entwickeln und schließlich anfangen, zu analysieren: Beim Einkauf alltäglicher Produkte, beim Betrachten von Werbeblöcken oder der Kommunikationsstrategie großer Unternehmen in der Außenplakatierung. Dadurch verstehen Sie, wie die Zeichen auf Sie wirken, wie Sie wahrnehmen und welche Zeichen andere an Sie senden wollen:

- Ihre Zeichen als Produkt und Kommunikation senden Ihre Bedeutung – Ihren Unterschied – in den Forschungsmarkt.

- Die gleiche Bedeutung entsteht auf verschiedenen Ebenen und Wegen. Sie nutzen „semiotisches" Marketing und haben Ihre „Markenstrategie".

Viel Spaß bei der Entwicklung Ihrer Marketing-Strategie und eine erfolgreiche Evolution im Markt.

5. Checkliste: Marketing systematisch – Fünf Schritte

Wie sehe ich mich im zukünftigen Markt?

- Was ist mir bei meiner Arbeit und Forschung wichtig?

- Welche Werte leiten mich?

- Wo will ich hin? Was sind meine Wunschprojekte?

Kennen Sie Ihre Wettbewerber?

- Welches sind die Vorteile/Argumente, die für deren Leistung sprechen?
- Wer ist mein größter Wettbewerber und warum?
- Wer könnten morgen weitere Wettbewerber sein?
- Wo stehe ich in Relation zu den anderen?

Die strategischen Fragen

- Materiell: Was bietet meine Forschung/meine Organisation?
- Immateriell: Mit welchem Stil, welcher Tonalität stelle ich es dar?
- Welches Segment des Gesamtmarktes fokussiere ich?
- Gibt es eine Nische, eine Position, wo noch kein Wettbewerb ist?
- Welche typischen Kunden gibt es und was suchen diese?

Produkt

- Welchen Nutzen bietet meine Forschung den anvisierten Zielgruppen?
- Welche Vorteile hat meine Forschung für den Kunden?
- Welche Innovationen plane ich für morgen?
- Welche Bedürfnisse haben Ihre Kunden?
- Wie will ich Informationen aufnehmen?
- Was könnte ich heute erforschen, das morgen ein Thema wird?
- Welche „PR-wirksamen Produkte" sind in meiner Organisation machbar?

Kommunikation

- Habe ich ein CD (Corporate Design), das meinen Anspruch vermittelt?
- Habe ich meine Markt-Kommunikation geplant und budgetiert?
- Welche Kommunikationswege nutze ich außer Vortrag und Berichtsband?
- Was kommuniziert meine Forschung?
- Was ist noch machbar? – neue Wege in der Kommunikation
- Welches Bildmaterial illustriert meine Forschung?
- Woran erkenne ich sofort den Praxisbezug?

Unternehmenskontakte und Auftragsgewinnung – Schlüssel zu einem erfolgreichen Start

Michael Woltering
Wirtschafts- und Sozialgeograph, Geschäftsführer der IQcon GbR, Scientific Consultants, Inhaber der Agentur pro cogno, Projektberatung und Projektmanagement
Inhaltliche Schwerpunkttätigkeiten:
- Erstellung von Marketingkonzepten für Verbände und Non-Profit-Organisationen
- Referent für Projektmanagement, Messe- und Kommunikationstraining – Schwerpunkt „Unternehmerisches Denken und Handeln für Wissenschaftler"
- Projektmanagement im Schnittfeld von Wirtschaft und Wissenschaft im EU-Kontext
- Erstellung von Machbarkeitstudien für Unternehmen und Verbände
- Planung und Realisierung von Primärerhebungen (Telefonbefragungen, Mailings, Face-to-Face-Interviews u. a.) für Verbände, Institutionen und Non-Profit-Organisationen

1. Einleitung

Nichts geht ohne einigermaßen gute Beziehungen – auch nicht bei der Vermarktung von Forschung. Dabei sollen Beziehungen durchaus nicht als Filz oder Klüngel verstanden werden. Vielmehr sollten die guten Beziehungen die Funktion erfüllen, Wissenschaftlern und Förderern zu vermitteln, dass man sich im Rahmen der gemeinsamen Aufgabe, des gemeinsamen Ziels aufeinander verlassen kann. Um diesen Eindruck beim Gegenüber zu erreichen, sind von Wissenschaftlern drei wichtige Aspekte zu beachten:

1. Die Projektideen von Wissenschaftlern an Hochschulen sind häufig von einem hohen fachlichen Niveau. Für Geschäftsbeziehungen mit Nicht-Wissenschaftlern gilt jedoch: Eine Projektidee ist nur so gut, wie sie von potenziellen Förderern auch verstanden wird.

2. Für universitäre Projektleiter und ihre Teams bedeutet der Beginn einer extern geförderten, Drittmittel-gestützten Projekttätigkeit meist, dass sie sich vom Grundsatz zweckfreier Forschung weit gehend lösen müssen. Der Kontakt zu außeruniversitären Unternehmen und Einrichtungen, mit denen quasi geschäftliche Beziehungen angestrebt werden, erfordert unternehmerisches Denken und Handeln – Fähigkeiten, die der Wissenschaftler bis dahin meist nicht erlernen konnte.

3. Die Vermarktung seiner Ideen – und damit auch seiner selbst – führt die Wissenschaftlerin oder den Wissenschaftler hinaus aus der Hochschule und hinein in ein neues soziales Umfeld. Dort muss er sich zurechtfinden, um sein Vorhaben realisieren und damit auch sich selbst auf dem komplexen Markt öffentlich und privat geförderter Projekte und Programme behaupten zu können.

Dieser Beitrag zeigt auf, wie akademisch qualifizierte Projektleiter und Mitarbeiter in Projektteams die Vermarktung ihrer Vorhaben aufbauen und entwickeln können, indem sie

- sich gelungen selbst darstellen,

- verbindliche Kontakte schaffen und pflegen und

- nachhaltige Kooperationen entwickeln.

Es werden weniger allgemeine Einsichten als vielmehr konkrete Hinweise vermittelt, die sich bereits im „Alltagsgeschäft" – das heißt in der Einwerbung von privaten und öffentlichen Drittmitteln – bewährt haben.

2. Voraussetzungen für eine gelungene Präsentation

Eine Idealvorstellung als Wunschtraum: Eine fachlich hoch qualifizierte Wissenschaftlerin aus einer Hochschule entwickelt und realisiert eine komplexe Projektidee. Die Idee findet von sich aus einen finanziellen Förderer und wird so ohne ihr Zutun zum „Selbstläufer" und damit zum Erfolg.

2.1 Der Erstkontakt

Leider ist die Realität meist weit davon entfernt: Auch für die Finanzierung einer sehr guten Projektidee müssen zunächst Kontakte geschaffen werden. Ganz gleich, ob mögliche Kooperationspartner nun aus der Hochschule, aus der Wirtschaft oder anderswo her kommen, sie alle müssen mit einem neuen Projekt bekannt gemacht und darüber informiert werden, bevor an weiter gehende, verbindliche Absprachen und Vereinbarungen gedacht werden kann.

Sehr gute Voraussetzungen für den Projektleiter und sein Team liegen vor, wenn andere Unternehmen und Institutionen – beispielsweise aus einer früheren Zusammenarbeit – in die Entwicklung einer Projektidee eingebunden werden können. Dies kann zum Beispiel der Fall sein, wenn ein Wissenschaftler durch ein Unternehmen auf die Marktfähigkeit eines Forschungsergebnisses aufmerksam gemacht wurde und sich daraus bereits eine Partnerschaft ergeben hat.

Für neue Projekte und Forschungsprogramme, die trotz ihrer Qualität von potenziellen Geldgebern noch nicht entdeckt wurden, gilt der Weg der so genannten Kalt-Akquise: Die Suche nach potenziellen Förderern oder Kooperationspartnern durch direkte, persönliche Ansprache. Gerade für Projektleiter und ihre Mitarbeiter aus der Hochschule bieten sich hier eine Vielzahl von Möglichkeiten, bei denen diese unmittelbare Kontaktaufnahme möglich ist: *Kongresse, Konferenzen, Workshops, Messen* und *Ausstellungen* sind zeitlich und räumlich begrenzte Ereignisse, die eine große Zahl an Kontaktchancen eröffnen. Teilnehmer aus Unternehmen und Institutionen sind für Kontaktwünsche meist offen und ansprechbar. Schließlich möchten sie oft ihrerseits Kontakt zu Personen und Unternehmen herstellen, die mit innovativen Projekten und Vorhaben ihre eigene Organisation bereichern könnten. Doch auch hier gilt: Zunächst weckt nicht allein der Inhalt, sondern die attraktive Verpackung das Interesse.

Professionell, verbindlich, höflich und optisch ansprechend sollte daher das eigene Auftreten sein, was insbesondere für die konkrete, persönliche Kontaktaufnahme gilt. Die äußerlichen Ausgangsbedingungen für die damit verbundene Eigendarstellung lassen sich mit einigen allgemein gültigen Merkmalen beschreiben.

2.2 Das Äußere

Professionelles Auftreten, auch und gerade als Projektleiter oder Projektmitarbeiter aus der Hochschule, ist mit der entsprechenden Kleidung verbunden. Ein Anzug, eine Krawatte oder zumindest eine farblich abgestimmte Kombination gehören dazu, wenn eine seriöse Außendarstellung erreicht werden soll. Auch wenn das Tragen eines Anzuges gerade von Wissenschaftlern oft als unpassend betrachtet wird, gilt bei Begegnungen mit Unternehmensvertretern nach wie vor Krawattenpflicht – als Alternative bietet sich auch das Tragen von Schleifen („Fliegen") an. Gerade Entscheidungsträgern wird mit der entsprechenden Kleidung Seriosität und die Bereitschaft demonstriert, sich auf einer ernsthaften, gleichwertigen geschäftlichen Ebene austauschen zu wollen.

2.3 Die Visitenkarte

Eine Kontaktaufnahme zu interessierten Unternehmen und Einrichtungen führt den oft raschen und unvermittelten Austausch von Informationen mit sich. Üblicherweise werden Adressen und Telefonnummern über **Visitenkarten** ausgetauscht, was auf die entsprechende Nachfrage hin erfolgen kann: „Dürfte ich Ihre Karte haben?" Visitenkarten sollten professionell und damit durch eine Druckerei angefertigt worden sein. Selbstgefertigte Visitenkarten wirken oft billig und unprofessionell. Die eigene Karte sollte gut und optisch ansprechend gestaltet sein, jedoch nicht mit Informationen oder gar Grafiken überladen werden, gemäß der Einschätzung: „Weniger ist oft mehr". Die Mehrzahl von Universitäten und Fachhochschulen verfügt über solche Visitenkarten, die durch die Hausdruckerei in der Hochschule günstig erstellt werden können.

2.4 Kommunikation per Mail

Die anschließende Aufnahme der Kommunikation durch interessierte Firmen erfolgt zumeist über das Telefon oder via E-Mail. Die Angabe der Diensttelefonnummer und der Mobilfunknummer ist ratsam – eine ständige Erreichbarkeit (zumindest während der Dienstzeit) gehört heute zu den selbstverständlichen Standards. Ähnliches gilt für die E-Mail-Adresse: Kostenlose Anbieter wie z. B. gmx, web.de oder yahoo bieten zwar weltweite und komfortable Abfragemöglichkeiten, die u. U. für eine dienstliche E-Mail-Adresse nicht vorliegen. Für interessierte Unternehmen ergibt sich jedoch dann die Frage nach der Professionalität, wenn nur die Domain eines kostenlosen Providers angegeben wird. Über moderne Mailprogramme – wie z. B. in MS Outlook (Express), Netscape oder Lotus Notes – lässt sich eine Weiterleitung an andere E-Mail-Adressen durchführen. Dies gilt in der Regel auch für die E-Mails, die auf die Mailbox des Hochschulservers kommen. Sollte es wirklich einmal zu längeren Abwesenheiten kommen, dann informiert ein automatisches Dienstprogramm (Autoresponder) darüber, dass der Empfänger die Mitteilung gerade nicht abrufen oder beantworten kann.

2.5 Fachsprache oder allgemein verständliche Darstellung

Besonders auf Messen und Kongressen, die nicht spezifisch auf eine Thematik ausgerichtet sind, sollten Erstgespräche mit Unternehmensvertretern zunächst nicht in einer **Fachsprache** geführt werden. Bei Wissenschaftlern, die mit einem Projektvorschlag überzeugen möchten, wird vorausgesetzt, dass sie ihr Fach beherrschen. Die Demonstration der eigenen Kompetenz spielt bei Firmenkontaktgesprächen daher nur eine untergeordnete Rolle. Zudem sind viele Unternehmensrepräsentanten oft keine Experten in dem Gebiet, auf das sich etwa ein Projektleiter spezialisiert hat. Der Einsatz einer Fachsprache in dieser Situation ist daher nicht ratsam. Vielmehr sollte ein Projektleiter oder Projektmitarbeiter in der Lage sein, das Projekt kurz und allgemein verständlich mündlich darzustellen, eventuell unterstützt durch einen Prospekt oder eine andere Form der Präsentation. Solche Zusammenfassungen in Papierform sind eine gute Voraussetzung dafür, dass sich ein Unternehmensvertreter auch nach der Veranstaltung wieder meldet.

2.6 Präsentationen gut vorbereiten

Wer mit wenig Aufwand viel Publikum erreichen möchte, steigt als „Trittbrettfahrer" auf große, öffentlichkeitswirksame Veranstaltungen auf. Wenn diese offen für Hochschulen oder andere Forschungseinrichtungen sind, ergibt sich eine optimale Ausgangssituation, um das eigene Vorhaben dort breitenwirksam darzustellen. Dies kann beispielsweise durch einen **Vortrag** oder einen **Informationsstand** geschehen. Mit relativ geringem zeitlichem und organisatorischem Aufwand lässt sich so ein breites (Fach-) Publikum erreichen. Grundvoraussetzung: Die eigene Darstellung muss durch Professionalität überzeugen – gerade im Bezug auf den gefürchteten Vorführ-Effekt. Powerpoint- oder audiovisuelle Präsentationen misslingen oft, wenn sie nicht minutiös vorbereitet sind. Durch sorgfältiges technisches und inhaltliches Vorbereiten und Überprüfen der vorliegenden Rahmenbedingungen (Technik, Raum, Verfügbarkeit von Medien u. a.) kann die Gefahr solcher Missgeschicke reduziert werden. Der dadurch entstehende zeitliche und finanzielle Mehraufwand kann von dem bei den Besuchern erzielten Interesse und dem Erfolg, der daraus erwachsen kann, mehr als aufgewogen werden.

2.7 Englischkenntnisse

Bei internationalen Veranstaltungen gilt nach wie vor die englische Sprache als Standard und ist auch bei Firmengesprächen ein Muss. Dabei kommt es weniger darauf an, die englische Sprache fehlerfrei und perfekt zu beherrschen. Vielmehr trägt schon ein „broken **English**" dazu bei, Verständigung und Kommunikation herzustellen. Besonders Nicht-Engländer befinden sich in einer oft ähnlichen Situation, so dass auch Sprachakzenten mit Verständnis und Sympathie begegnet wird. Demgegenüber ist es ein Fauxpas, wenn bei englischsprachigen Diskussionen die eigene Nationalsprache – ohne die Zuhörer vorzubereiten – eingesetzt wird. Gleichzeitig sollte es selbstverständlich sein, auch das eigene Vorhaben kurz, kompakt und verständlich in Englisch darstellen zu können.

2.8 Kosten

Die aufgeführten Hinweise können den Eindruck erwecken, als seien sie nur durch einen größeren finanziellen Aufwand zu erreichen: Dies gilt insbesondere für den Druck von Visitenkarten, die Anschaffung geschäftsmäßiger Kleidung oder auch die oft gebührenpflichtige Teilnahme an Kongressen oder Konferenzen. Doch gerade dieser Aufwand ist als Investition in die Vermarktung des eigenen Projektes zu sehen: Nur Interessierte, die von einem attraktiven Vorhaben erfahren und sich davon überzeugen lassen, können später zu tatsächlichen Förderern oder Kooperationspartnern werden.

3. Kontakte schaffen und pflegen

Kontakte zu schaffen – auf Neudeutsch: Networking – ist eine anstrengende und oft ermüdende Arbeit: Vor allem die aktive Beteiligung an großen Kongressen und Konferenzen oder der Aufbau und Betrieb von Informationsständen, die ganzzeitig besetzt sein müssen, erfordern Zeit und persönlichen Einsatz.

Im Rahmen dieser Veranstaltungen kommt es zu einer Vielzahl von Gesprächen, Nachfragen und Informationswünschen. In dieser meist kurzen Zeit ist es in der Regel kaum machbar, sich Namen, Adressen oder gar Telefonnummern zu merken. Daher sind Visitenkarten der eigentliche Wertgewinn dieser Tätigkeit. Die vorliegenden Adressen sollten in der Nachbereitung gespeichert und – z.B. nach Prioritäten – geordnet werden.

Hier ist es wichtig, die Personen und Unternehmen, die sich besonders interessiert und ansprechbereit gezeigt haben, unmittelbar im Nachfeld einer Veranstaltung zu kontaktieren. Die direkte Kontaktaufnahme kann schriftlich, via E-Mail oder auch telefonisch erfolgen. In jedem Fall sollte sie persönlich und direkt an die Person gerichtet werden, die durch die Veranstaltung bekannt ist. Möglich ist es jedoch auch, dass zur Kontaktaufnahme andere, dritte Ansprechstellen genannt wurden (z. B. eine Abteilung des interessierten Unternehmens). Das Ansprechen dieses (bislang) unbekannten Partners sollte dann unter dem Verweis auf den bereits bestehenden Kontakt erfolgen. (Mehr dazu im Kapitel „Messetraining")

3.1 Technische Ausstattung

Die moderne Telekommunikationstechnik hat die Verwaltung dieser Kontakte einfach, mobil und vielfach einsetzbar gemacht. Während in den 1980er und 1990er Jahren der Einsatz des Filofax und des programmierbaren Festnetztelefons dominierte, nehmen jetzt das **Mobiltelefon** und anschlussfähige **PDAs** (Personal Digital Assistants) – auch Organizer oder Handhelds genannt – eine Schlüsselposition ein. Mit Hilfe dieser elektronischen Medien wird das Prinzip des „**Unified Messaging**" umgesetzt, das **Telefonie** (mit Anrufbeantworter), **Fax**, **E-Mail** und **SMS** zu einer Einheit zusammenfasst und das flexibel und mobil einsetzbar ist.

In der Praxis bedeutet dies, dass feste Bürozeiten oder die Nichterreichbarkeit von Kontaktpersonen zunehmend der Vergangenheit angehören. Gerade Projektleiter, die noch nicht über ein Sekretariat oder einen festen Stellvertreter verfügen, sollten diese zumeist kostengünstigen technischen Möglichkeiten für sich Gewinn bringend und Zeit sparend nutzen: Telefonate an die Festnetznummer werden bei Abwesenheit automatisch z. B. auf die Mobilfunknummer umgeleitet, E-Mails oder Faxe kommen direkt an das Handy oder über das Handy an den PDA .

Diese günstigen technischen Rahmenbedingungen erleichtern nicht nur die Kontaktverwaltung, sondern auch die Kontaktpflege: Durch die mobile Telefonie sind Rückrufe jederzeit und (fast) an jedem Ort durchführbar, ohne dass eine Rückkehr in das eigene Büro notwendig ist. Dringende Anfragen können rasch und umfassend behandelt werden und vermitteln so den Eindruck von Professionalität und Kontaktfähigkeit.

Kritisch zu sehen ist hingegen (noch) die Telefonie über das Internet, die vor allem über mobile Computer (Laptops) vorteilhaft erscheint. Oft ist die Sprachqualität noch deutlich schlechter als im digitalen Telefonnetz. Lediglich für interne Gespräche scheint dieser Kommunikationsweg eine akzeptable Alternative zu sein. Eine weitere Verknüpfung der dazu notwendigen Kommunikationsmedien durch den optimierten Einsatz von Hard- und Software sowie die Verbesserung technischer Ausstattungsvoraussetzungen könnten hier bald Abhilfe schaffen.

In zahlreichen Hochschulen sind die technischen, personellen und damit auch infrastrukturellen Voraussetzungen für einen solchen technischen Standard (noch) nicht gegeben. Die Kommunikation mit privatwirtschaftlichen Unternehmen erfordert jedoch einen Anpassungsprozess, damit eine Forschungseinrichtung, die um Fördergelder wirbt, nicht schon im Vorfeld als rückständig und wenig innovationsbereit gesehen wird. Schon dieser Eindruck sollte vermieden werden, gerade wenn die tatsächliche Forschungsarbeit auf einem hohen Anspruchsniveau stattfindet.

3.2 Vor Gesprächen Informationen einholen

Oft erhalten Projektleiter und Projektmitarbeiter auch Anfragen von Unternehmen oder Personen, die ihnen bisher nicht oder kaum bekannt waren. Vor allem, wenn diese Anfragen nicht den Eindruck erwecken, dass sie für das eigene Vorhaben verwertbar sein könnten, kann es nützlich sein, sich im Vorfeld einer Kontaktaufnahme oder eines Kontaktaufbaus über ein Unternehmen zu informieren. Das Internet bietet heute hervorragende Möglichkeiten für solche **Recherchen**, die einen meist kompakten, aktuellen, wenn auch oft wenig detailreichen Einblick in Firmenstrukturen zulassen: Über *www.europages.de* sind grundlegende Informationen über mehr als 500.000 europäische Unternehmen ebenso kostenlos erhältlich wie über *www.bizzcontact.com*, die als Website ca. 140.000 Firmen in ihre Datenbank aufgenommen hat. Qualitativ hervorragende Unternehmensangaben bieten der Service *www.wlw.de* („wer liefert was?") und die Hoppenstedt-Online-Firmendatenbank (*www.hoppenstedt.de*), deren Nutzungen allerdings kostenpflichtig sind. Teilweise sind jedoch günstige Einstiegsangebote vorhanden, die einen guten Eindruck von der Leistungsfähigkeit der Datenbanksysteme vermitteln. Schließlich sind spezifische Datenbanken unter *www.branchen-adressen.de* auf CD verfügbar, die in ihrer Qualität, ihrer Aktualität und ihren Einzelangaben zu Unternehmen jedoch erhebliche Unterschiede aufweisen.

Jede gut sortierte Hochschulbibliothek verfügt zudem über die genannten Datenbanken zumeist auch in Papierform, gelegentlich sind die aktuellen Versionen dort sogar auf CD ausleihbar.

3.3 Gespräche intensiv vorbereiten

Das **Zweitgespräch** – das sich aus einem unverbindlichen Erstkontakt anlässlich eines Kongresses, einer Messe oder einer Konferenz heraus ergeben kann – findet entweder beim Interessenten selbst oder auch in der Hochschule statt. Für den Fall, dass der Projektleiter oder -koordinator eingeladen wird, empfiehlt sich eine umfangreiche Vorbereitung des Gesprächs. Grundlegende Kernfragen einer Gesprächsvorbereitung sind dabei:

- Wie ist das interessierte Unternehmen/die Institution aufgebaut?
- Welche *Produkte* und/oder *Dienstleistungen* werden angeboten?
- Welche *Haupttätigkeitsfelder* sind erkennbar?
- Welche eigenen Forschungsergebnisse, Produkte und Dienstleistungen sind für den Interessenten, z. B. als *Zulieferung* oder *Angebotsergänzung*, attraktiv?
- Welche *Unternehmens-* oder *Organisationskultur* ist erkennbar? Gehört ein Unternehmen z. B. zur Old oder zur New Economy?
- Wie gestaltet sich die *aktuelle geschäftliche oder organisatorische Entwicklung des Interessenten*?
- Welche *aktuellen Nachrichten* über das Unternehmen/die Organisation gibt es in der Presse?
- Welche *Funktion/Aufgabe* hat der unmittelbare Gesprächspartner?
- Ist er entscheidungsbefugt oder arbeitet er anderen verantwortlichen Entscheidungsträgern zu?

Antworten auf diese Fragen gibt ebenfalls oft das Internet. Bei größeren Unternehmen lassen sich besonders aktuelle Angaben und Mitteilungen über die Internet-Angebote großer **Wirtschaftszeitschriften** recherchieren:
www.handelsblatt.de (Handelsblatt) oder *www.ftd.de* (Financial Times Deutschland).

Als **Online-Suchmaschinen** sind die folgenden Metasuchmaschinen *www.google.de*, *www.alltheweb.com* und *www.metager.de* besonders empfehlenswert.

Wer regelmäßig Internetrecherchen von hohem qualitativem Niveau und mit einem Maximum an Ergebnissen durchführen möchte, ist mit kostenpflichtigen Suchmaschinen wie Copernic Pro (s. *www.copernic.com*)

gut bedient. Mit diesem **Suchprogramm** sind auch wirtschaftsspezifische Daten (unter „Handel & Finanzen") gezielt recherchierbar.

Ein guter Informationsstand beugt überraschenden Mitteilungen im Gespräch vor (z. B. zur geschäftlichen Situation der interessierten Firma) und demonstriert zudem fundierte (Branchen-)Kenntnisse, die über den wissenschaftlichen und fachspezifischen Bereich hinausgehen.

3.4 Das erste Treffen vor Ort

Für den Fall, dass das anfragende Unternehmen oder die förderwillige Organisation die Hochschule besuchen möchte, ist es wenig ratsam, ein Treffen im kärglich ausgestatteten Dienstzimmer, einem nüchternen Labor oder einem Seminarraum (in Folge fehlender Alternativen) anzubieten.

Gegebenenfalls kann statt dessen die Hochschulleitung hierfür Räumlichkeiten zur Verfügung stellen, die repräsentativ sind und eine angemessene Atmosphäre für eine Besprechung oder Verhandlung bieten.

Letztlich kann die Reservierung eines **Hotelzimmers** mit Besprechungsmöglichkeit und Service (Kaffee, Getränke und Snacks) geeignete räumliche Gesprächsbedingungen gewährleisten. Auch in Bürogebäuden lassen sich stundenweise solche Räume – falls erforderlich auch mit Präsentationstechnik – anmieten. Die Kosten, die mit diesem Treffen verbunden sind, sollten als eine Investition in die Vermarktung des Projektes gesehen werden.

3.5 Was tun mit dem Gesprächsergebnis?

Im Regelfall wird ein konkretes, sachorientiertes Gespräch für beide Seiten Erkenntnisse und Ergebnisse bringen. Bei negativem Ausgang kann dies bedeuten, dass die Besprechung aufgezeigt hat, dass keine gegenseitigen Interessenlagen erkennbar sind. Oft werden die Gesprächspartner sich dann mit der Aussicht verabschieden, dass eine erneute Kontaktaufnahme erfolgen kann, wenn bestimmte Ausgangsvoraussetzungen hergestellt sind. Ändert ein Projektleiter oder ein Projektteam vielleicht mittel- oder langfristig den Umfang oder den Inhalt des Vorhabens, kann dies wieder Ansatzpunkte für weitere Gespräche und Verhandlungen bieten.

Gerade bei einem positiven Gesprächsausgang ist es ratsam, ein **Protokoll** über die Ergebnisse anzulegen und dem Kommunikationspartner zur Kenntnis oder Stellungnahme zuzusenden. Diese **Ergebnissicherung** beugt Missverständnissen vor und ist eine gute Grundlage für weitere Planungen, die in verbindliche Beziehungen und Verabredungen einmünden können.

Kontaktpflege bedeutet daher auch, dass im Nachfeld der Besprechung ein **Informationsfluss** einsetzt, der alle Beteiligten über den aktuellen Stand der Gespräche und Verhandlungen informiert. Dieses Vorgehen zeigt Verlässlichkeit und Offenheit im Umgang mit dem Interessenten oder Kooperationspartner und schafft Vertrauen und damit die Basis für nachfolgende Verhandlungen und Verträge.

4. Vom Erstkontakt zum geschäftlichen Abschluss

Konkretisieren sich die Kontakte zu einem Unternehmen oder einer förderwilligen Einrichtung, dann können sich formal-verbindliche, geschäftsmäßige Beziehungen entwickeln, deren Ablauf sich wie folgt gestalten kann:

1. Erstkontakt

2. Konkretisieren des Kontakts – Besprechen von Inhalten (Zweitgespräch)

3. Erstellen und Einreichen der Projektbeschreibung (als Angebot)

4. Besprechen des Projektes und der möglichen Zusammenarbeit – Verhandeln

5. Ablehnen/Annehmen durch das Unternehmen oder die interessierte Einrichtung (**Bestätigung der Förderung/der Zusammenarbeit**) ODER Erstellen eines gemeinsamen Vertrages oder einer Vereinbarung (z. B. eines **Werkvertrages**)

6. Durchführen des Projektes im Rahmen der im Vertrag festgelegten Konditionen

7. Abschluss der Tätigkeiten – Zusenden und Prüfen des Verwendungsnachweises bzw. Abnahme des fertigen Werks

8. Abrechnen und schließlich Überweisen des (ggf. noch ausstehenden) Rechnungsbetrages durch den Kunden

Der gesamte Fortschritt der Zusammenarbeit zwischen dem Projektleiter bzw. -team und dem Kooperationspartner/Förderer wird von **formalen Handlungen** begleitet, die das verbindliche Rechtsverhältnis zwischen den Beteiligten regeln.

Die *Schritte 1* bis *2* besitzen einen verhältnismäßig unverbindlichen Charakter, da hier lediglich die Möglichkeit einer Kooperation eruiert und konkretisiert wird, ohne dass verbindliche Festlegungen erfolgen. Erst mit dem **Einreichen der konkreten Projektbeschreibung bzw. eines Angebots** *(Schritt 3)* legt der Projektleiter/das Projektteam die (finanziellen) Bedingungen fest, unter denen das besprochene Projekt ausgeführt wird – danach richtet sich in der Regel auch die Höhe der nachfolgenden Auftragssumme bzw. Förderung. Das Formulieren und Zusenden eines Projektvorschlags beziehungsweise eines Angebots erfolgt heute fast ausschließlich auf schriftlichem Wege und stellt dar, in welcher Weise die vom Kunden gemachten Vorgaben erreicht werden sollen. Mit der genauen, zahlenmäßig fixierten Konkretisierung der Projektbedingungen schafft der Projektleiter/das Projektteam die Grundlage für weitere Gespräche bzw. **Verhandlungen** mit dem Kunden. Das Angebot sollte Auskunft über folgende Aspekte geben:

- Beginn und Ende der Arbeiten

- Umfang und Art der zu leistenden Tätigkeiten bzw. des abzuliefernden Werks

- gegebenenfalls Darstellung, wie das Finanzvolumen berechnet wurde

- Höhe des Preises beziehungsweise der Fördersumme

Der Kunde wird dann oft darum bemüht sein, die Höhe der Zuwendung bzw. seiner (Mit-)Finanzierung zu senken *(Schritt 4)*.

Erst ein gemeinsamer **Vertrag** oder eine schriftliche **Bestätigung der Förderung, der Kooperation und des Auftrages** bringt die Rechtssicherheit, dass der Förderer mit dem Vorhaben im dargelegten Umfang und Inhalt einverstanden ist und alle wesentlichen Bedingungen des Auftrages einvernehmlich besprochen und verabschiedet wurden *(Schritt 5)*.

Ein wichtiger Hinweis: Die Tätigkeiten für ein Projekt sollten erst dann beginnen, wenn ein schriftlicher Vertrag oder eine verbindliche Vereinbarung vorliegt. Gerade bei Absprachen, die nicht schriftlich festgehalten und verabschiedet worden sind, kann es im Nachhinein zu Missverständnissen oder Unklarheiten kommen. Dieser Gefahr kann nur durch eindeutige und ausdrückliche schriftliche Festlegungen entgegengewirkt werden.

Im Falle einer öffentlichen Förderung kann ein vorzeitiger Projektbeginn sogar zum Wegfall der Fördergrundlage und damit der eigentlichen Förderung führen.

Insbesondere wissenschaftliche Dienstleister und die Entwickler von speziell oder gar individuell anzufertigenden Produkten werden während der Erfüllung eines Auftrages *(Schritt 6)* oft mit besonderen Wünschen des Auftraggebers konfrontiert.

Zum einen gilt: **Sonderwünsche**, die nicht vorher vertraglich vereinbart worden sind, müssen nicht erfüllt werden.

Zum anderen möchten Projektverantwortliche ihre Förderer als Kunden zumeist nicht nur gewinnen, sondern auch behalten und lassen sich so auf die unentgeltliche Erfüllung zusätzlicher Leistungen ein. Dies birgt nicht nur die Gefahr in sich, als williger Auftragnehmer ausgenutzt zu werden, sondern kann sich schnell als Kostenfalle entpuppen.

Zusätzliche Leistungen sollten daher nur in einem annehmbaren Rahmen und mit dem Hinweis geleistet werden, dass es sich um eine kostenlose Serviceleistung für den Kunden handelt, die *ausnahmsweise* nicht in Rechnung gestellt wird. Alternativ kann auch schon im Vorfeld vereinbart worden sein, dass solche Sonderleistungen – wenn sie über ein verträgliches Maß hinaus anfallen – vom Auftragnehmer nachkalkuliert werden müssen. Es macht in jedem Fall Sinn, frühzeitig mit dem Förderer oder Auftraggeber darüber zu sprechen, um spätere Missstimmungen auf beiden Seiten zu vermeiden.

Nach der fristgerechten Erfüllung eines Auftrages muss die (mit-)finanzierende Unternehmung oder Institution schließlich erklären, dass sie mit dem Ergebnis einverstanden ist und es abnimmt beziehungsweise die Verwendung der bereitgestellten Mittel im dargelegten Umfang akzeptiert (Mittelverwendungsnachweis) *(Schritt 7)*. Diese **Abnahme** kann ebenfalls ausdrücklich erfolgen, zumeist reicht jedoch ein Abschlussgespräch, das alle Beteiligten zufrieden verlassen sollten.

Für den Fall, dass nachweisliche Mängel vorhanden sind, ist auch eine Hochschule oder ein Institut als Auftragnehmer oder Mittelempfänger zu **Nachbesserungen** verpflichtet, bis das Vorhaben in vereinbarter Weise erfüllt wurde. Hier ist Vorsicht geboten: Das Auftreten zahlreicher Mängel kann zu einer berechtigten Minderung der zugesagten Finanzmittel führen. Im Zweifelsfall ist es besser, mit dem Förderer oder Auftraggeber eine geringe Verlängerung des Auftragsendes zu vereinbaren, als überstürzt ein qualitativ minderwertiges Ergebnis abzuliefern.

Leider ist auch für Hochschulen *Schritt 8* der zeitliche Punkt einer **Auftragsabwicklung**, der wohl die meisten Gefahren in sich birgt. Die Ausstellung und Zusendung eines Verwendungsnachweises oder einer (Ab-) Rechnung ist mit der direkten Aufforderung an den Kunden bzw. den Förderer gleichzusetzen, den ausstehenden Rechnungs- oder Förderbetrag zu zahlen. Leider hat sich in den vergangenen Jahren die Zahlungsmoral – auch und vor allem von Unternehmen, aber auch staatlicher Einrichtungen und Behörden – deutlich verschlechtert. Durch eine damit begründete Gesetzesänderung im Jahr 2000 sind Rechnungsschuldner verpflichtet, innerhalb von 30 Tagen nach Erhalt einer Rechnung den ausstehenden Betrag zu zahlen. Der Schuldner kommt nach 30 Tagen dann automatisch in **Verzug** und hat dem Gläubiger Verzugszinsen zu zahlen oder den Schaden finanziell auszugleichen, der durch diesen Verzug entsteht. Innerhalb dieser 30 Tage gibt es jedoch keine rechtliche Handhabe, um die Zahlung zu beschleunigen (siehe: *www.delwig.de/rechtsspiegel.html*).

Gerade bei größeren Projekten empfiehlt es sich daher Voraus- oder Abschlagszahlungen zu vereinbaren, damit nach der ordnungsgemäßen Durchführung eines Projektes keine lange Zeitspanne hingenommen werden muss, während der auf den Zahlungseingang der gesamten Rechnungssumme hingenommen werden muss.

Insbesondere mit der Haushaltsabteilung einer Hochschule, die in vielen Fällen zugesagte Mittel vorauszahlend – z. B. für notwendige Anschaffungen oder als Personalmittel – zur Verfügung stellt, kann es zu Schwierigkeiten kommen, wenn ein Zahlungsziel nicht erreicht wird und zugesagte Mittel zum vereinbarten Zeitpunkt nicht ausgezahlt werden. Ein Gespräch mit der Hochschulleitung oder der Leitung der Haushaltsabteilung kann für den Projektleiter/das Projektteam sinnvoll und Gewinn bringend sein – besonders, wenn der Einsatz von Rechtsmitteln notwendig wird, um ausstehende Zahlungen einzufordern.

5. Fazit
Wissenschaftler als Projektmanager: Konsequenzen für Selbstverständnis und Sozialverhalten

Besonders das letzte Kapitel hat aufgezeigt, dass das Management und die Koordination von Projekten, die sich in ihrem Charakter grundlegend von den üblichen Tätigkeiten in Forschung und Lehre unterscheiden können, formalen Restriktionen unterworfen sind. Wie bereits erwähnt: Allein die zahlreichen rechtlichen und formalen Aspekte, die ein Projektleiter und sein Projektteam in der Verantwortung für sich selbst, die Hochschule und ihre Mitarbeiter zu beachten haben, machen ein strukturelles Umdenken erforderlich. Im Hintergrund von projektbezogenen Entscheidungen ergeben sich dabei gleichartige **Leitfragen**, die zum Beispiel vor einem Projekt, einer Investition oder auch der Einstellung eines Mitarbeiters geklärt werden müssen:

- Welchen **Nutzen** habe ich als Wissenschaftler/haben wir als Projektteam von diesem Schritt? Wie groß ist der damit angestrebte **Mehrwert für die eigene Forschung** und **den eigenen (wissenschaftlichen) Erfolg**?

- Ist der Nutzen, der sich aus diesem Schritt für die eigene Forschung, die Hochschule oder das Institut ergibt, zumindest mittel- und langfristig größer als der **Aufwand**, der kurzfristig damit verbunden ist?

- Ist es – aus zeitlichen und finanziellen Überlegungen heraus – **wirtschaftlich**, sich z. B. mittel- und langfristig mit einem spezifischen Projekt zu befassen?

Aus diesen Fragestellungen ergibt sich zumindest für den Projektleiter oft auch die Einsicht, dass „Zeit gleich Geld" ist: Jede Minute und Stunde, die in der selbst festgesetzten Arbeitszeit nicht wie vorgesehen in das eigene Projekt investiert wird, führt zu Verzögerungen und eventuell zu Spannungen mit dem Förderer oder Auftraggeber. Ein Wissenschaftler, der Projektverantwortung trägt, wird so vom Projektleiter zum „Projektunternehmer", der (auch) wirtschaftlich und kostenorientiert denken und handeln muss, um zum Projekterfolg zu gelangen.

Gerade in einer Zeit, in der immer mehr Hochschulen zu formal eigenständigen Landesbetrieben mit Haushaltsautonomie werden, wandeln sich nicht nur Forschungseinrichtungen zu Unternehmen, sondern damit auch Wissenschaftler zu Managern. Knappe finanzielle Ressourcen erfordern so nicht nur den Ausbau des Forschungstransfers und die Kooperation mit Unternehmen und anderen hochschulexternen Einrichtungen, sondern auch ein strukturelles Um- und Andersdenken, das letztendlich Forschung und Lehre stärken und zukunftsfähig machen kann.

Projektmanagement

Martina Stangel-Meseke

Geschäftsführerin der Unternehmensberatung t-velopment in Dortmund; Lehrbeauftragte mit Schwerpunkt Psychologische Diagnostik und Trainingsevaluation an der Bergischen Universität – Gesamthochschule Wuppertal; eigener Forschungsschwerpunkt: Lernfähigkeitsdiagnose von Mitarbeitern

Brigitte Diefenbach

Wissenschaftliche Mitarbeiterin im Projekt „Projektmanagement/Koordination Wuppertal Interdisziplinäres Studienangebot Wuppertal – Qualität der Lehre des Landes NRW – Personalauswahl und -entwicklung"

1. Realisierung eines Projektmanagements im universitären Bereich

Obwohl gerade im universitären Bereich mittlerweile Projekte in Form von Forschungs- und Drittmittelvorhaben eine gängige Form der Zusammenarbeit in und mit verschiedenen Fachbereichen darstellen, wird diese Arbeitsform nach wie vor von Wissenschaftlern kritisch bewertet. Während in der Wirtschaft ein fast uneingeschränktes Votum für Projektmanagement besteht, da dieses ein fach- und bereichsübergreifendes, simultanes Arbeiten mit direkter Kommunikation und Korrekturmöglichkeit vor Ort ermöglicht, werden von universitären Projektverantwortlichen häufig folgende Gründe für eine Gefährdung des Projektes oder gar ein Scheitern genannt:

- Mangelnde Kommunikation unter einzelnen Fachbereichen:
  „Jeder arbeitet an seinem Spezialgebiet, das es zu sichern gilt!"

- Macht- und Kompetenzgerangel innerhalb eines Fachbereichs:
  „Jeder arbeitet für sein eigenes Image!"

- Unterschiedlich ausgebildetes Personal (vom qualifizierten wissenschaftlichen Mitarbeiter bis zur noch fachlich unerfahrenen studentischen Hilfskraft):

„Jeder verfolgt im Rahmen seiner Arbeit ein stark individuelles und zeitlich begrenztes Interesse!"

- Generelle personelle Probleme im Sachbearbeitungsbereich (häufig Teilzeitkräfte):
  „Durch variable Arbeitszeiten im Sekretariatsbereich ergibt sich viel Koordinationsbedarf in Bezug auf die Erledigung täglich anstehender Arbeiten!"

- Mangel an zeitlichen Ressourcen durch eigene Qualifizierungsvorhaben (z.B. Diplom, Promotion, Habilitierung):
  „Aufgrund zeitlich befristeter Arbeitsverhältnisse ist die Zeit für die eigenen Qualifizierungsvorhaben neben der anstehenden Arbeit eh schon eng bemessen!"

Auch wenn diese angeführten Gründe sicherlich die Einführung des Projektmanagements erschweren, sind es aus Sicht der Autorinnen keine ausschließenden Gründe, die so spezifisch für universitäre Gegebenheiten sind, dass die dort beschäftigten Mitarbeiter jegliche Form des Projektmanagements ablehnen sollten. Im Gegenteil bieten universitäre Rahmenbedingungen ein geeignetes und durchaus realistisches Tätigkeitsfeld, sich mit anstehenden Problemen und Problemlösungen zu beschäftigen und auf diese methodisch besser vorbereitet zu sein. Genauso wie in der Wirtschaft werden erbrachte Arbeitsleistungen zu komplexen Aufgaben an der Universität immer wieder kritisch überprüft werden, um so über eine Reflexion der Konsequenzen des eigenen Handelns eine Leistungsoptimierung zu erzielen. Weiterhin muss zur Lösung komplexer Aufgaben Expertenwissen vorhanden und untereinander vernetzt werden. Gerade die Tätigkeiten in Universitäten bieten hier die Vorteile der orts- und zeitnahen Kooperationsmöglichkeiten unterschiedlicher Fachdisziplinen zur Erarbeitung innovativer Lösungen und Forschungserkenntnisse. So stellt die Nutzung universitärer Rahmenbedingungen eine geeignete Basis für die Durchführung von Projekten dar. Welche Schritte für ein erfolgreiches Projektmanagement im universitären Bereich aus Sicht der Autorinnen sinnvoll und realisierbar sind, wird im Folgenden vorgestellt.

1.1 Begriffsklärung „Projekt" und „Projektmanagement"

Ein Projekt ist ein **außergewöhnliches** Vorhaben, das sich dadurch auszeichnet, dass es parallel zu kontinuierlichen Aufgaben und Tätigkeiten im organisationalen Kontext (z.B. im Verwaltungs-, Lehr- oder Forschungsbereichs der Universität; innerhalb einzelner Unternehmensbereiche) erfolgt und zusätzlich folgende Voraussetzungen erfüllt:

- das Vorhaben zeichnet sich durch Neuartigkeit und/oder eine gewisse Einmaligkeit aus;

- das Vorhaben ist zeitlich befristet und ist durch einen definierten Beginn und einen definierten Abschluss gekennzeichnet;

- die finanziellen und personellen Ressourcen sind auf ein bestimmtes Volumen zur Ergebniserreichung festgelegt;

- die Aufgabenstellung weist eine gewisse Komplexität auf, die die Kooperation verschiedener Fachspezialisten bzw. -disziplinen erfordert, und ist nur im Team zu lösen.

Ein Projekt stellt damit besondere Anforderungen an die zeitliche Abwicklung und inhaltliche Gestaltung relevanter Arbeitsschritte und erfordert gleichzeitig ein gutes Personalmanagement, was in Anlehnung an Boy, Dudek und Kuschel (2000) folgendermaßen verstanden wird:

DEFINITION:
Projektmanagement ist die Handhabung aller Aktivitäten, die zur Organisation, Planung, Steuerung und Koordination einer Problemlösung nötig sind. Somit ist Projektmanagement als projektorientierte Führung zur Erreichung eines Sachzieles zu verstehen.

1.2 Beispiele für Anwendungsfelder des Projektmanagements

Hinsichtlich der Neuartigkeit der Aufgaben- und Tätigkeitsfelder sind Universitäten ebenso wie weltweit tätige Konzerne in das komplexe System kontinuierlicher Entwicklungen und technischer Neuerungen eingebunden. Gerade im Forschungsbereich sind innovative, außergewöhnliche Projekte, zeitgebunden und finanziell häufig durch Drittmittel finanziert, eher die Regel als eine Besonderheit. Die Tabelle auf der nächsten Seite gibt einige Beispiele für Anwendungsfelder des Projektmanagements in unterschiedlichen Bereichen.

Was ihre Organisationsstruktur und Etablierung auf dem Markt als Anbieter und Vermittler von Wissen und Fertigkeiten angeht, stehen Universitäten zunehmend mehr unter dem Druck, innovativ tätig zu sein bei gleichzeitiger Forderung nach mehr Effizienz, effektiven Ergebnissen und systematischem Controlling.

Tabelle 1: Anwendungsfelder des Projektmanagement im universitären Bereich:

Technik	Markt	Organisation
Entwicklung eines neuen Produkts	Entwicklung eines neuen Marketingkonzepts	Einführung eines neuen Marketingkonzepts
Entwicklung neuer Lehr- und Lernformen	Erschließung neuer Märkte	Einführung einer neuen Organisationsform
Entwicklung eines neuen EDV-Netzwerks	Einführung neuer Lehr- und Lernformen	Einführung einer neuen Software

1.3 Aufgaben des Projektmanagements

Das Projektmanagement umfasst vier wesentliche Aufgaben:

1. Projektdefinition und vorläufige Projektplanung (insbesondere Zielformulierung mit anschließender Situationsanalyse und Projektstrukturierung)

2. Projektorganisation (Auswahl Projektbeteiligter, Aufgaben- und Kompetenzzuordnung, Einbindung in die Leitungsorganisation)

3. Projektleitung (verbindliche Projektplanung, -steuerung und -kontrolle)

4. Projektführung (Kommunikation, Mitarbeiter-Motivation, Moderation des Problemlösungsprozesses, Konfliktlösung)

Ad 1) Projektdefinition und vorläufige Projektplanung

Die Projektdefinition und vorläufige Projektplanung dienen der Vorausschau auf das Projekt durch systematische Vorwegnahme der Ziele, des Nutzens, der Aufgaben und der Aufwände (zeitlich, personell, finanziell). Sie sind die wichtigsten Schritte zur erfolgreichen Projektrealisierung und bilden die Basis für den Kontrakt zwischen Auftraggeber(n) und der Projektgruppe sowie für die Kriterien der Erfolgskontrolle.

Funktionen der Projektziele

Nach Heeg (1993) erfüllen Projektziele verschiedene, der Gesamtplanung des Projekts dienliche Funktionen:

• Orientierungsfunktion: Die Aktivitäten im Projekt lassen sich auf ein vereinbartes Ergebnis hin ausrichten.

- Selektionsfunktion: Lösungsalternativen zur Realisierung des Projektes können auf der Grundlage der erwarteten Zielerreichung verglichen und bewertet werden. Dies erleichtert den Auswahlprozess potenzieller Auftraggeber und Projektbeteiligter.

- Koordinationsfunktion: Das Gesamtziel kann und muss im Projektverlauf in einzelne Teilziele für Arbeitsgruppen oder Fachabteilungen zerlegt werden, da dies die Kompetenz- und Aufgabenverteilung an die Projektbeteiligten wesentlich vereinfacht.

- Kontrollfunktion: Wenn das realisierte Ergebnis der Aktivitäten abgeschätzt werden kann, ist auf dieser Basis ein Vergleich mit den geplanten Teilzielen möglich.

Phasen der Projektzielformulierung

- Entwickeln der Projektidee: Eine erste grobe Zielrichtung ergibt sich durch die Aufnahme der Ideen und Anregungen aus dem Projektfeld (z. B. aus dem Fachbereich der Universität, den Abteilungen eines Unternehmens).

- Vorbereitung: Es ist eine erste vorläufige Projektgruppe zu bestimmen, die die genaue Zielformulierung für das Projektziel vornimmt. Diese Projektgruppe sollte sich aus Verantwortlichen zusammensetzen, die aufgrund ihrer Position in der Lage sind, Ziele so genau wie nur möglich zu beschreiben, und die das situative Umfeld hinsichtlich seiner Strukturen adäquat einschätzen können (siehe nächster Schritt: Situationsanalyse).

- Zielformulierung: Die einzelnen Projektziele sind in schriftlicher Form festzuhalten und in einer Zielhierarchie abzubilden. Die Vereinbarung über Muss-, Soll- und Kann-Ziele beugt möglichen Zielkonflikten im Verlauf des Projektes vor und erhöht die Erfolgswahrscheinlichkeit des Projektergebnisses. Bestehende Zielkonflikte sollten in dieser Phase bereits geklärt werden.

Genaue Situationsanalyse

Die Situationsanalyse durch das vorläufige Projektteam dient dem Zweck der genauen Kenntnis und der korrekten Einschätzung und Bewertung der Ausgangssituation. In dieser Phase klärt das Projektteam personelle und technische Ressourcen. Aus dieser Kenntnis heraus wird die Planung des weiteren Vorgehens abgeleitet, zu der die grobe Projektstrukturierung, die vorläufige Projektorganisation und die darauf basierende

Präsentation bei einem möglichen Auftraggeber (z. B. Drittmittelgeber) gehören.

Grobe Projektstrukturierung

Das Projekt wird in einer derart groben Struktur abgebildet, in der zeitliche und inhaltliche Abhängigkeiten der Aufgaben zunächst irrelevant sind.

Leitfragen zur Projektstrukturierung:

- Welches Ziel verfolge ich mit dem Projekt (Vermarktung meiner Arbeit, Sicherstellung meiner Uni-Stelle über eigene Mittel, Vermarktung eines universitären Produkts etc.)?

- Welche Kolleginnen/Kollegen kann ich für das Ziel gewinnen? Welchen Nutzen werden die eingebundenen Personen von dem Projekt haben? Welche Qualifikationen haben diese Personen, die nützlich für eine erfolgreiche Projektabwicklung sind?

- Wer könnte sich für mein Projekt interessieren? Wer sind die potenziellen Auftraggeber? Welche Kontakte bestehen ggf. zu diesen Auftraggebern oder sind es gänzlich neue Personen? Wie komme ich an geeignetes Material, um abschätzen zu können, ob die Auftraggeber an meinem Projektvorhaben interessiert sein könnten?

- Welchen Nutzen kann ich durch meinen Projektvorschlag dem potenziellen Auftraggeber anbieten?

Vorläufige Projektorganisation

Hier sind die folgenden sieben Schritte zu beachten:

- Skizzieren der Aufgaben für den Projektablauf (erforderliche Aufgaben? zu durchlaufende Teilaufgaben und Arbeitsschritte?)

- Skizzieren des zeitlichen Ablaufs (Zeitbedarf für einzelne Aufgaben?)

- Abschätzen des personellen Aufwands für die Aufgabenerledigung (personelle Ressourcen und Qualifizierungspotenzial? externe Hilfe?)

- Abschätzen der Projektkosten für Personal, technische und Sachmittel zur Aufgabenerledigung

- Präsentieren der Projektstruktur und bilden eines Projektteams (Vorstellung eines groben Projektplanes in einem Team potenzieller Projektmitglieder; Delegation der Teilaufgaben mit schriftlicher Fixierung der Termine und Aufgaben)

- Vorbereiten der Präsentation beim potenziellen Auftraggeber (Informationen über den Auftraggeber: Situation, Nutzen des Projekts, Ansprechpartner)

- Festlegen des wesentlichen Präsentationsablaufs beim potenziellen Auftraggeber (genaues Projektziel; Struktur des Projektablaufs; Bedarf des Auftraggebers und Abgleich mit Projektvorstellungen; relevante Vorarbeiten des Auftraggebers; vorläufige Terminierung des Projektstarts und der Durchführung)

Ad 2) Projektorganisation

Auf der Basis der Planungsschritte in der Phase „Projektdefinition und -planung" und der in den Gesprächen mit dem Auftraggeber erhaltenen Informationen sollte nun das endgültige Projektteam festgelegt werden.

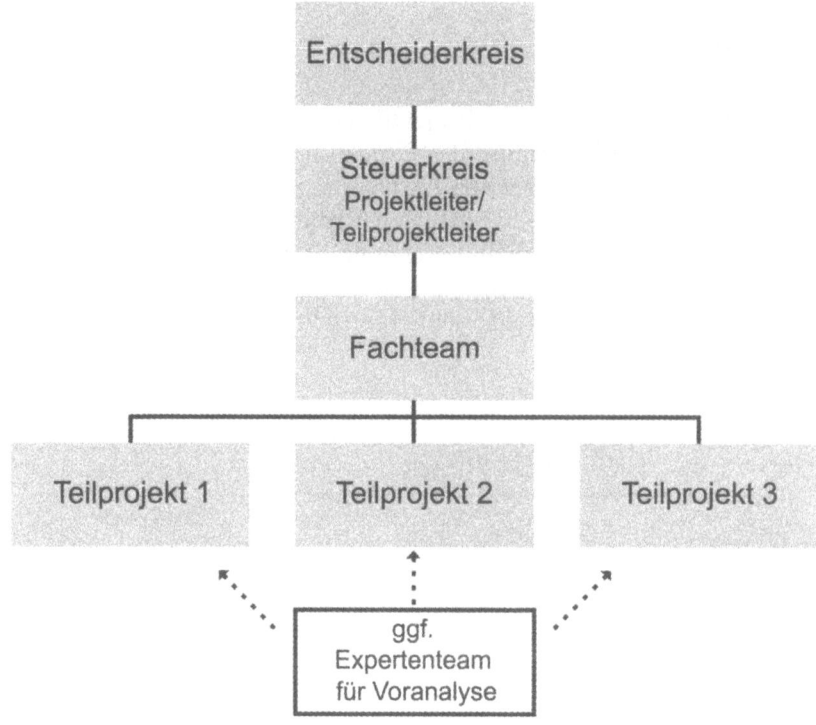

Abbildung 1: Projektorganisation

Hierbei ist Folgendes zu beachten:

- Über welche Qualifikationen müssen die Projektmitglieder verfügen?

- Gibt es im vorläufigen Projektteam schon Mitglieder, die über Wissen verfügen, das für den erfolgreichen Ablauf des Projekts von Relevanz ist? Wenn ja, sind diese vorläufigen Mitglieder bereit, sich weiter in der Projektarbeit zu engagieren, und wenn ja, in welcher Form soll dies geschehen?

Nachdem diese Fragen geklärt sind, sollten die Rollen im Projekt festgelegt werden, und zwar in Abstimmung und nach Kompetenzen und vorhandenen eigenen Kapazitäten, sich im Projekt zu engagieren; diese Rollen finden Eingang in einem **Projektorganisationsplan**.

Aus der Sicht und der universitären Erfahrung der Autorinnen stellen die Schritte der Projektplanung und Projektorganisation die Voraussetzung zur erfolgreichen Realisierung einer koordinierten Projektleitung und -führung dar.

Ad 3) Projektleitung

Auf der Basis der vorläufigen Projektplanung wird im Rahmen der nun **verbindlichen Projektplanung** das Projekt in abgrenzbare Aufgaben zerlegt, um einen Überblick über alle Aktivitäten zu erhalten, die dann hierarchisch geordnet in einem so genannten **Projektstrukturplan** abgebildet werden. Der Projektstrukturplan beschreibt die Hauptaufgaben, Teilaufgaben und Arbeitspakete des Projekts, also das, WAS zu tun ist. Er kann objektbezogen und/oder tätigkeitsorientiert erstellt werden.

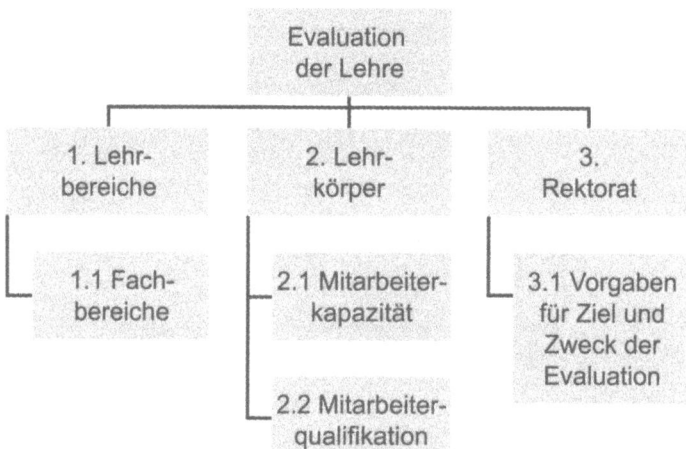

Abbildung 2: Projektstrukturplan (s. auch Boyle et al., S. 74)

Im anschließenden **Projektablaufplan** wird die Reihenfolge der Bearbeitung der Arbeitsaufgaben bestimmt. Hierzu gehören folgende Schritte:

- Festlegung der logischen Reihenfolge, in der die Arbeitspakete ausgeführt werden

- Identifikation der Arbeitspakete, die parallel bearbeitet werden können

- Abschätzen des Kapazitäts- und Zeitbedarfs für die Bearbeitung einzelner Arbeitspakete

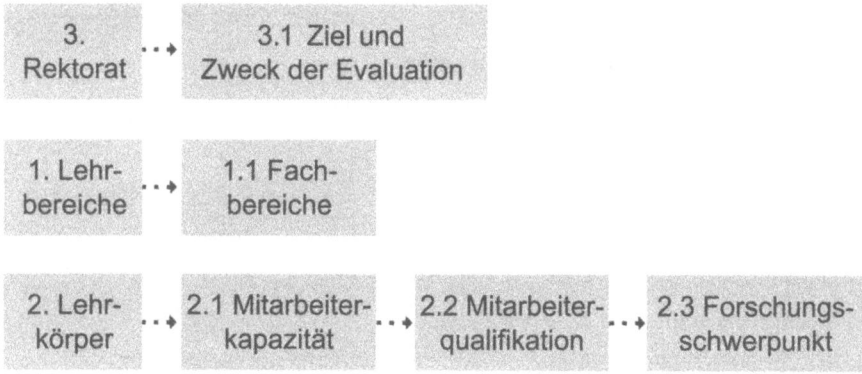

Abbildung 3: Projektablaufplan

Während der Projektstruktur- und der -ablaufplan noch eine Grobplanung darstellen, wird mit dem anschließenden **Projektterminplan** im Detail festgelegt, wann und von wem welche Arbeitsergebnisse vorliegen müssen. Dazu müssen der Anfangs- und Endtermin des Projekts festgelegt werden sowie die Verantwortlichen und Beteiligten.

Tabelle 2: Beispiel für einen Projektterminplan

Arbeitspaket-Nr.	Verantwortlich	Von	Bis
1.1	Diefenbach	01.12.2001	31.12.2001
2.1	Stangel-Meseke	01.01.2002	31.01.2002
...	...	...	...
...	...	...	...

Um eine übersichtliche Darstellung einzelner Arbeitspakete und des Gesamtprojekts zu erhalten, werden die Zeitdauer des Projekts und die zeitliche Einordnung der Arbeitspakete in einem **Balkenplan** (Hackl, 1998) zusammengefasst. Im Balkenplan gibt der Balken mit seiner Länge die Dauer und mit seiner Lage, bezogen auf die Zeitachse, die zeitliche Einordnung einer Projektaktivität wieder. Durch eine unterschiedliche Dicke der Balken kann z.b. auch die erforderliche Bearbeitungskapazität angezeigt werden.

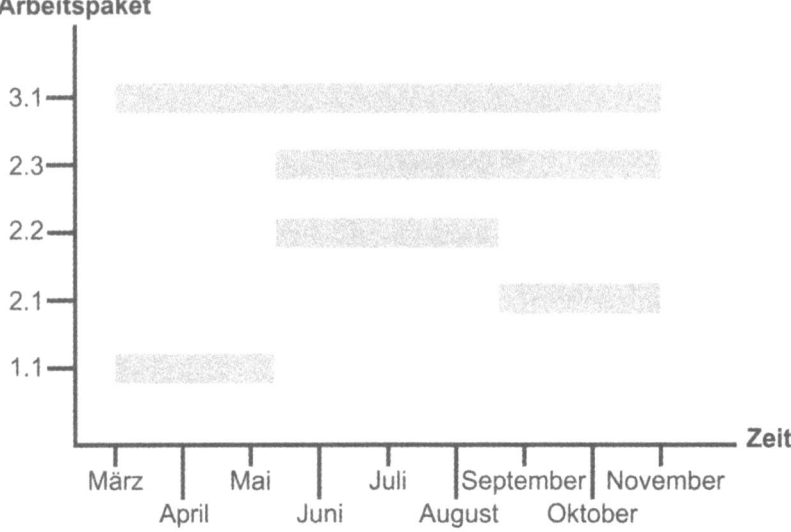

Abbildung 4: Beispiel für einen Balkenplan

Die für die Projektarbeit erforderlichen Ressourcen werden in einem Kapazitäts- und Kostenplan abgebildet. In dem **Kapazitätsplan** werden die verfügbaren Mitarbeiter in Relation zu den vorhandenen Arbeitsmitteln derart aufgeschlüsselt, dass sich letztlich eine Gesamtübersicht aller zur Bearbeitung des Projekts erforderlichen Kapazitäten zu geplanten Terminen während der Projektablaufzeit ergibt. Diese Planung gibt eine Antwort auf die Frage, wie viele Personen und Betriebsmittel benötigt werden. Im **Kostenplan** werden die Kosten ermittelt, die je Arbeitspaket anstehen (Finanzmittel, Materialkosten, externes Personal etc.), und z.B. in einem Säulendiagramm als Gesamtübersicht über die Projektlaufzeit dargestellt. So erhält man eine Antwort auf die Frage, wie viel Geld wann bereitzustellen ist. Die Ergebnisse der Kapazitäts- und Kostenplanung fließen in die Gesamtkostenbetrachtung des Projekts ein: Zu den in der Kostenplanung ausgewiesenen Finanzmitteln müssen die in der Kapazitätsplanung stehenden Positionen in monetäre Größen umgewandelt werden. Personal und Betriebsmittel werden in Kosten pro Zeiteinheit umgerechnet. Diese Kosten werden über die Zeitachse dargestellt, die Summierung führt zu den Gesamtkosten des Projekts.

Tabelle 3: Übersicht über Instrumente der Projektplanung

Instrumente der Projektplanung	Charakteristika
Projektstrukturplan	Hierarchische Beschreibung der Haupt- und Teilaufgaben sowie der Arbeitspakete im Projekt; objekt- und/oder tätigkeitsbezogen
Projektablaufplan	Festlegung der Bearbeitungsreihenfolge der Aufgaben
Projektterminplan	Terminierung der Bearbeitungszeit der Arbeitspakete mit Zuweisung von Verantwortlichkeiten
Balkenplan	Übersicht über Projektzeitdauer und zeitliche Einordnung einzelner Arbeitspakete
Kapazitätsplan	Übersicht über erforderliche Kapazitäten zu Terminen im Projektablauf
Kostenplan	Übersicht über anfallende Kosten pro Arbeitspaket im Projektablauf

Da sich in jedem Projekt Störfälle ereignen können, ist eine **Risikoanalyse** aus Sicht der Autorinnen ein Muss. Projekt- und Teilprojektleiter müssen sich überlegen, welche Aspekte ggf. einen negativen Einfluss auf den erfolgreichen Projektablauf haben könnten. Gerade mit Blick auf universitäre Gegebenheiten und die dort vorhandenen Verwaltungsstrukturen bietet sich aus der Erfahrung der Autorinnen an, folgendes Szenario zu durchdenken, um so geeignete Handlungsstrategien in risikoreichen Projektsituationen zu generieren: Generell stehen zu wenig Ressourcen (finanzielle Mittel) zur Verfügung; Ressourcen stehen nicht zum geplanten Zeitpunkt zur Verfügung; personelle Kapazitätsspitzen sind nicht abdeckbar. Auf der Basis solcher Überlegungen können dann letztlich Notfallpläne ausgearbeitet werden. Je nach Projektinhalt bietet sich auch eine **Qualitätsplanung** an (im Sinne von vor- und zwischengeschalteten Testphasen), in der dann jede Leistung bzw. Teilleistung derart beschrieben sein muss, dass bei der Projektabnahme eine eindeutige Messung des Leistungsergebnisses möglich ist. Aus Sicht der Autorinnen ist dieses Kriterium allerdings je nach Inhalt des universitären Projekts nicht immer zu erfüllen.

Die **Projektsteuerung und -kontrolle** ist eine kontinuierliche Aufgabe, die während der gesamten Projektlaufzeit erfolgen sollte. Sie muss Aussagen darüber ermöglichen, ob die Fortsetzung eines Projekts noch wirtschaftlich ist, mit einer geänderten Zielsetzung weitergearbeitet werden kann oder das Projekt abgebrochen werden muss.

Die Projektleiter können auf folgenden Ebenen des Projekts verändernd eingreifen:

Sachebene

- Leistungsumfang (Neudefinition der Projektziele)

- Qualität (je nach Projektinhalt: Testphase entfallen lassen)

- Kapazität (Anzahl der Mitarbeiter erhöhen, Überstunden einkalkulieren)

Beziehungsebene

- Motivation (Anreize in Form von Geld oder von Weiterbildung oder als Aufgaben im Rahmen einer Teilprojektleitung)

Im Rahmen der Projektkontrolle müssen die Projektleiter prüfen, ob die Zielvorgaben erreicht wurden und Ressourcen, Termine und Kosten eingehalten wurden. Dazu sollte ein Abschlussbericht erstellt werden. Der Abschlussbericht sollte folgende Daten enthalten (vgl. Boy et al., 2000, S. 114):

- Projekttitel, Datum

- Ziele, Aufgabenstellung

- Schematische Darstellung der Projektorganisation und des Projektstrukturplans

- Beschreibung der Leistung

- Wichtige Ereignisse/Skizzierung problematischer Vorfälle

- Projektkosten

- Projektabnahme mit Unterschrift des Auftraggebers und Projektverantwortlichen

Ad 4) Projektführung

Die Mitglieder einer Projektgruppe können intern einem Projektleiter unterstellt sein. Der Projektleiter ist mit bestimmten Kompetenzen und Verantwortlichkeiten hinsichtlich der Projektdurchführung auszustatten, die je nach Projekt und Organisation sehr unterschiedlich festgelegt werden können.

Es kann jedoch auch auf eine interne Hierarchie und eine damit verbundene Leitungsfunktion eines Gruppenmitgliedes verzichtet werden. Stattdessen wird die Projektgruppe durch einen Projektkoordinator moderiert und gesteuert.

Die Aufgaben des Projektleiters im Einzelnen:

- Koordinierung der Mitarbeiter. Der Projektleiter sollte dafür sorgen, dass die Projektmitarbeiter ungestört arbeiten können. Jeder Mitarbeiter sollte seine Aufgaben, Kompetenzen und Tätigkeitsziele kennen.

- Aufrechterhalten des Informationsflusses. Der Projektleiter ist zentrale Schaltstelle und Knotenpunkt für alle relevanten Informationen im Projektverlauf. Er gibt notwendige Informationen an die Projektmitarbeiter weiter.

- Einheitliche Dokumentation. Der Projektleiter sorgt für eine nachvollziehbare Dokumentationsstruktur, die weitere Entscheidungen erleichtert und ermöglicht.

Häufige Ursache für Krisen während der Projektarbeit

Sage mir, wie ein Projekt beginnt, und ich sage Dir, wie es endet. (Boy, 2000)

1. Es fehlen wesentliche Punkte der Projektvereinbarung, z.B. nicht ausdiskutierte Termine oder unklare Aufgabenverteilung zwischen einzelnen Fachabteilungen.

2. Die Projektvereinbarung ist widersprüchlich: Das Projekt hat höchste Priorität, Kapazitäten stehen nicht in ausreichendem Maße zur Verfügung und die Zuständigkeiten sind verschwommen.

3. Projektmanagement ist gleichermaßen immer auch Teamarbeit. Die Projektmitarbeiter müssen zusammenarbeiten und sollten sich möglichst gut ergänzen. Teamfähigkeit ist notwendig, um die Projektarbeit möglichst erfolgreich zu gestalten und das Projekt zum Ziel und Erfolg zu führen.

4. Der Entwicklungsprozess – hin zu einem arbeitsfähigen Team – dauert einige Zeit und läuft in verschiedenen Phasen ab. Die Aufgabe des Projektleiters besteht in der Moderation der Teamprozesse und der Unterstützung der gemeinsamen Zielerreichung.

2. Grundprinzipien der Teamkonstellation

Die Mitarbeiter müssen bereichsübergreifend miteinander kooperieren.

Das Einhalten traditionell hierarchischer Wege erweist sich erfahrungsgemäß als dysfunktional; statt hierarchischer Macht verlangt Projektarbeit vor allem fachliche Qualifikation und die Bereitschaft zur Kooperation.

In verschiedenen Phasen treten unterschiedliche Verhaltensweisen der Teammitglieder mit daraus resultierenden Problemen auf. Wer die Probleme kennt, kann im Vorfeld aktiv dagegen vorgehen.

Tabelle 4: Phasen der Teamentwicklung

Phase	Verhalten der Teammitglieder/Probleme
Testphase	Höflich, unpersönlich, gespannt, vorsichtig
Arbeitsphase	Ideenreich, flexibel, leistungsfähig, hilfsbereit
Nahkampfphase	Unterschwellige Konflikte, Konfrontationen, mühsames Vorwärtskommen
Organisationsphase	Entwicklung neuer Umgangsformen und Verhaltensweisen, gegenseitiges Feedback

Das Zusammenwirken der Teammitglieder wird erleichtert und effizient, wenn bereits zu Beginn des Projektes gemeinsame Regeln der Kooperation vereinbart werden. Beispiele für Teamregeln:

• Vereinbarte Termine werden eingehalten

• Protokoll und Moderation der Teamsitzung werden abwechselnd von jedem Teammitglied übernommen

• Informationen gehen dann nach außen, wenn das ganze Team dies beschlossen hat

• Jeder ist für sich selbst verantwortlich, d. h. bringt das ein, was ihm wichtig ist, meldet Störungen an usw.

• Jeder hat das Recht auszureden, redet ein Teammitglied zu lange, so kann ihm nach ca. zwei Minuten eine rote Karte gezeigt werden

• Kritik wird als „Ich-Botschaft" ausgedrückt

• Killerphrasen sind verboten

3. Weitere Problemfelder der Projektarbeit

Neben dem Entwicklungsprozess innerhalb des Teams können auch Konflikte entstehen, die zu bewältigen sind und für die Konfliktlösungen gesucht werden müssen.

3.1 Mögliche Konflikte im Projektmanagement

- Auftrags- und Zieldefinition unklar, z.B.: Aufträge mit unklaren Ergebniserwartungen, Lösungsanforderungen und Untersuchungszielen stellen einen häufigen Mangel dar.

- Projektsteuerung zu wenig qualitätsorientiert, z. B. Manager bevorzugen es, ein Projekt einseitig mit Terminvorgaben zu steuern, statt inhaltliche Ziele und Anforderungen zu formulieren.

- Problemanalyse mangelhaft

- Lösungen nicht benutzergerecht, z. B.: In den üblichen Vorgehensmodellen dominieren Planungs- und Entwurfsaktivitäten, die Projektkontrolle wird vernachlässigt.

- Externe Kommunikation mangelhaft

- Projekttransparenz mangelhaft

- Dokumentation lückenhaft

Konfliktlösungen ergeben sich meist zwangsläufig aus der Analyse der Konfliktfelder. Seitens der Projektleitung ist darauf zu achten, Sachkonflikte und Teamkonflikte im Entwicklungsprozess zu differenzieren bzw. bereits in der Projektplanungsphase und im weiteren Verlauf zu diagnostizieren und Lösungen zu erarbeiten.

Um Konflikten im Projektteam vorzubeugen, hat es sich aus Sicht der Autorinnen bewährt, in regelmäßigen Abständen im Team eine Klima-Analyse in schriftlicher Form durchzuführen, die dann schon erste Hinweise auf sich anbahnende Konflikte im Team geben kann.

Ebenso sollten Konflikte von der Projektleitung auch in der Gesamtgruppe thematisiert werden, da Nicht-Angesprochenes häufig zu Missstimmungen und Personenzuschreibungen der Projektmitglieder führen kann, was eine erfolgreiche Teamarbeit verhindert oder gar unmöglich macht.

68

Tabelle 5: Ausschnitt aus einem Instrument zur Teamklima-Diagnose

Die Aussage	Stimmt	Stimmt teilweise	Stimmt nicht
In meinem Team herrscht ein behagliches Miteinander.			
Alle Projektmitglieder arbeiten gemeinsam.			
Alle halten sich an getroffene Absprachen.			
Meinungsverschiedenheiten werden stets geklärt.			
Beschlüsse werden übereinstimmend gefasst.			

4. Resümee: Aspekte für erfolgreiches Projektmanagement

Das hier beschriebene Projektmanagement ist nur dann erfolgreich wenn folgende Aspekte berücksichtigt werden:

* Strukturelle Voraussetzungen der Projektorganisation (in Abhängigkeit vom jeweiligen organisationalen Umfeld und dessen hierarchischer Struktur)

* Fachkenntnisse der Projektmitglieder

* Adäquate Anwendung der Phasen des Projektmanagements sowie der in den Phasen relevanten Instrumente

* Berücksichtigung der Verhaltensaspekte der Teammitglieder

Mit Blick auf derzeitiges universitäres Handeln und Tun und unabhängig von einzelnen Fachbereichen sowie von der von vielen Mitarbeitern häufig angeprangerten Haushaltslage sind wir der festen Überzeugung,

- dass aufgrund der an den Universitäten erworbenen Qualifikationen der dort tätigen Mitarbeiter alle hier genannten Aspekte für ein erfolgreiches Projektmanagement gegeben sind und

- dass diese Aspekte im Sinne einer formativen Evaluation, die letztlich ein Kernstück jeder Wissenschaft ist, in der konstruktiven Auseinandersetzung mit den organisationalen Gegebenheiten realisiert werden können.

Literatur:

- **Boy, J./ Dudek, C./ Kuschel, S.:** *Projektmanagement.* –
  Offenbach: Gabal 2000

- **Czichos, R.:** *Creativität und Chaos-Management.* –
  München: E. Reinhardt 1993

- **Hackl, H. (Hrsg.):** *Praxis des Selbstmanagements.* –
  Erlangen/München: Publicis MCD 1998

- **Heeg, F.J.:** *Projektmanagement. Grundlagen der Planung und Steuerung von betrieblichen Problemlösungsprozessen.* –
  München: Oldenbourg 1993

- **Mende, W., Bieta, V.:** *Projektmanagement. Praktischer Leitfaden.* –
  München: R. Oldenbourg 1997

Interviewt werden

Werner Nowag

Der Historiker und Journalist arbeitet seit Mitte der achtziger Jahre im Journalistenzentrum Haus Busch. Der Schwerpunkt seiner Lehre liegt in den journalistischen Darstellungsformen. Als promovierter Historiker verbindet er die klassische Argumentationslehre mit modernen Kommunikationstheorien und macht sie so für das öffentliche Auftreten brauchbar.

1. Basisregeln für das Interview

Jedes Interview ist ein Dialog, der im Unterschied zu anderen Gesprächsformen in den Medien oder im Alltag nach eigenen Regeln verläuft. Im Folgenden soll kurz den Unterschieden zwischen, aber auch den Gemeinsamkeiten von Interview und anderen Gesprächsformen nachgegangen werden.

Hierbei soll verstärkt die Perspektive des Interviewpartners ausgeleuchtet werden. Da man als Interviewpartner jedoch vieles über seine eigene Position erfährt, indem man die Position seines Gegenüber verstehen lernt, werden wir von Fall zu Fall auch die Rolle des Journalisten betrachten.

1.1   Einige Rahmenbedingungen

Zunächst und ganz grundsätzlich: Ein Interview findet, aus dem Blickwinkel des Interviewpartners betrachtet, immer zwischen ihm und einem Medienvertreter statt mit dem Ziel, dass das Gespräch ganz oder teilweise veröffentlicht wird. Hierdurch unterscheidet es sich von alltäglichen Privatgesprächen, aber auch von beruflichen Diskussionen, Informationsgesprächen oder Verhandlungen.

Die Zahl derer, die an einem Interview beteiligt sind, ist relativ stark begrenzt. Die häufigste Konstellation ist wohl das Zwei-Personen-Interview: ein Journalist und ein Interviewpartner. Denkbar sind auch Konstellationen mit zwei und mehr Journalisten und einem Interviewpartner, zum Beispiel beim *Spiegel*-Gespräch, und umgekehrt.

Zeitliche Beschränkungen gibt es – in vernünftigen Grenzen – weder nach oben noch nach unten. Das Sach-Interview für eine regionale Tageszeitung mag aus drei Fragen und ebenso vielen Antworten bestehen. Ein Personen-Interview, etwa für ein TV-Porträt, kann sich hingegen über viele Stunden, ja sogar über mehrere Tage hinziehen; hierbei gilt es allerdings zu berücksichtigen, dass solche Kolosse später stark komprimiert und geschnitten werden.

Auch räumliche Beschränkungen gibt es nur dort, wo dem Interview akustische oder optische Grenzen gesetzt sind. Das Interview auf dem Empire State Building ist prinzipiell ebenso denkbar wie vor Ort am Flöz in 1200 Meter Tiefe.

Einer der wichtigsten Unterschiede zwischen einem Interview und einem Alltagsgespräch besteht darin, dass sich im Interview die Beteiligten vor Beginn auf ein Thema geeinigt haben. Anders als die Freizeit-Unterhaltung zwischen Freunden oder Bekannten, in der man mit großer Beliebigkeit Themen ansprechen und wieder fallen lassen kann, orientiert sich das Interview an einem thematischen Rahmen. Diesen Gesprächsrahmen bestimmt in der Regel der Journalist, wobei der Interviewte selbstverständlich das Recht hat, das Thema bereits im Vorfeld des Gespräches inhaltlich mitzugestalten.

Thematische Verengung bedeutet jedoch mehr als bloße Festlegung auf ein Thema. Thematische Verengung heißt auch, dass sich nicht jeder denkbare Gesprächsstoff als Interviewthema eignet. Genauer gesagt: Nicht jede Herangehensweise an ein Thema eignet sich für ein Interview. Hierzu ein Abgrenzungsversuch.

Die Publizistik unterscheidet zwei große Motive, auf die Journalisten bauen können, wenn sie Leser, Zuhörerinnen oder Zuschauer erreichen wollen. Das eine Motiv ist das Verlangen eines Bürgers, an den Gemeinschaftsproblemen beteiligt zu sein, mitreden und mitentscheiden zu können. Hierzu gehört ein gewisser Informationsstand, gehört die Kenntnis unterschiedlicher Meinungen zu dem Problem und das Wissen um Lösungsalternativen. Wenn der Bürger darüber mitreden will, wie viele Schwerlastwagen über unsere Autobahnen heute schon fahren und morgen fahren sollen, dann muss er über den Schwerlastverkehr informiert sein. Die Publizistik spricht in diesem Zusammenhang von „öffentlichem Interesse".

Das zweite Motiv betrifft das Verlangen, meine menschlich-allzumenschliche Neugier zu befriedigen und einen Blick über des Nachbarn Zaun zu werfen – zumal wenn er Filmschauspieler ist oder ein ehemaliges

Tennis-As. Dieser Blick enthüllt Geliebte und deren Samenklau; er offenbart schönheitschirurgische Eingriffe und deckt das Shopping-Budget eines Filmsternchens auf. Zwar ist es so, dass viele hierüber mitreden wollen – „plaudern", „lästern" oder „tratschen" wären hier wohl die angemesseneren Begriffe. Jedoch verbietet es unsere Vorstellung von Privatheit, dass diese Vielen daran ernsthaft beteiligt würden. Publizisten nennen das Interesse an solchen Informationen „Publikumsinteresse".

Oben wurde gesagt: Nicht jede Herangehensweise an ein Thema eignet sich für ein Interview. Hierauf sollten wir noch einen kurzen Blick werfen. Es ist längst nicht in allen Fällen das Thema, das öffentliches oder Publikumsinteresse weckt. Häufiger ist hierfür die Art und Weise verantwortlich, in der ein Medium das Thema angeht. Den Umstand zum Beispiel, dass ein Spitzensportler des Dopings überführt worden ist, kann ich als persönliches Vergehen dieser Person thematisieren, indem ich es in Verbindung bringe mit seinen früheren Verfehlungen, mit – zumeist ja doch spekulativen – Charaktereigenschaften dieses Sportlers und so fort; so kann ich ein Bild dieses Menschen zeichnen, das sehr individuell und zugleich sehr spekulativ ist. Oder aber ich diskutiere das Thema „Doping im Sport" auf der Folie des heutigen Hochleistungssports mit allen moralischen und ökonomischen Facetten, eingebettet in eine gesellschaftliche Wirklichkeit, die mitzugestalten der Bürger eines Gemeinwesens aufgerufen ist.

Dieses deckt öffentliches, jenes Publikumsinteresse ab.

Zusammenfassend lässt sich festhalten: Interviews sind insofern thematisch verengt, als sie kein beliebiges Aufgreifen und Ablegen eines Themas zulassen. Außerdem lassen sie nicht jeden beliebigen Zugriff auf ein Thema zu; vielmehr sollte die Herangehensweise so sein, dass sie das Motiv des öffentlichen Interesses befriedigt. Ausnahmen hiervon bilden lediglich die so genannten Personeninterviews, die eher feuilletonistischen Charakter haben und weder der einen noch der anderen Seite zuzuschlagen sind.

1.2 Ziele des Interviews

Das Interview verfolgt in seinen unterschiedlichen inhaltlichen Akzentuierungen drei Ziele. Als Sachinterview will es informieren, als Meinungsinterview Orientierung geben und als Personeninterview informativ unterhalten.

1.2.1 Über einige Vorurteile

Konzentrieren wir uns auf die beiden ersten Formen, so gilt für sie gleichermaßen der ebenso banale wie oft vergessene Grundsatz: Interviews werden fürs Publikum gemacht. Sie sind ebenso wenig Schauplatz für die Eitelkeiten eines Journalisten wie für das zur Schau gestellte Expertentum eines Interviewpartners. Ein Interview, dem es nicht gelingt, in der Zielgruppe ein Maximum an Aufmerksamkeit und Nachvollziehbarkeit zu erreichen, ist ein schlechtes Interview.

Bis zum heutigen Tag dominieren einige Klischees, mit deren Hilfe erklärt wird, woran Interviews scheitern. So etwa gibt es für denjenigen Journalisten, dessen Welt wohlgeordnet ist, drei fest umrissene Typen von Interviewpartnern. Der eine heißt Pressesprecher, Politiker oder Wirtschaftsboss, ist wortkarg und verschweigt der Öffentlichkeit wichtige Geheimnisse; anderntags dagegen versucht er als Typ zwei, mit gewaltigem Wortschwall Stimmung für sein Unternehmen, seine Partei bzw. seine Verwaltung zu machen; als Typ drei dann schlüpft er in die Rolle des Experten und sagt zwar Kluges, dafür jedoch um so Unverständlicheres.

Auf der anderen Seite ordnet der mediengewandte Pressesprecher, Wirtschaftsboss, Politiker oder Wissenschaftler die Spezies Journalist ebenso einfachen und trennscharfen Kategorien zu. Der Journalist ist demnach ein Wesen, das an Vereinfachung interessiert ist. Als solches malt er die Welt schwarz-weiß, ist unfähig zu differenzieren und reduziert komplexe Sachverhalte am liebsten auf ein möglichst einfaches, um nicht zu sagen banales Grundmuster. In einer anderen Rolle ist der Journalist über Gebühr an der Normabweichung interessiert: Er strebt nach Sensation und Reißerischem. Schließlich und endlich ist da noch der Besserwisser, der oberlehrerhaft unterbricht und korrigiert, mit seiner Frage die Antwort präjudiziert und jedes Ende längst vor allem Anfang kennt.

1.2.2 Exkurs über Journalisten

Natürlich gibt es jeden dieser Typen leibhaftig. Allerdings darf darüber nicht vergessen werden, dass diese eigenwillige Taxonomie Extreme beschreibt, die zwar einen hohen Erinnerungswert haben, gleichwohl jedoch die berufliche Wirklichkeit in keiner Weise dominieren.

Was will denn eigentlich der durchschnittliche und zugleich gute Journalist? Nun, er möchte Inhalte so vermitteln, dass sich sein Publikum gut informiert fühlt. Man wird diesem Journalisten zugestehen müssen, dass er ein professionell entwickeltes Gespür sowohl für die Menge wie für die Aufarbeitung eines Stoffes hat.

Natürlich ist er in seiner Stoffaufarbeitung darauf bedacht, dem Thema etwas Besonderes abzugewinnen. Denn Kontraste und Überraschungen schaffen Aufmerksamkeit. Insofern tendiert er zur Normabweichung, das ist richtig. Aber er weiß auch, dass nur dasjenige Thema zur öffentlichen Meinungsbildung taugt, das für die und in der Zielgruppe relevant ist. Von daher sind seiner vermeintlichen Sucht nach Sensation und Reißerischem enge Grenzen gesetzt, die er nur dann gezielt überschreitet, wenn sein Medium sich mit genau diesem Marketing verkauft. Und hier gilt: Man muss nicht jedem Medium ein Interview geben.

Auch der Verdacht, der Journalist sei an Vereinfachung interessiert, ist richtig. Allerdings sollte man ihn nicht als Vorwurf formulieren. Denn Vereinfachung tut in unserer hochkomplexen Welt Not. Die Asyldebatte der frühen 90er Jahre hat den Spruch hervorgebracht: Wir alle sind Ausländer – fast überall auf Erden. Analog hierzu lässt sich feststellen: Wir alle sind Laien – auf fast jedem Sachgebiet. Beherzigt man diesen Grundsatz, so ist Vereinfachung nicht zu verurteilen, sondern zu begrüßen. Natürlich ist es richtig zu sagen, dass manche Medien über jede Schmerzgrenze hinaus bis zu jenem Punkt vereinfachen, wo Verfälschung beginnt. Aber auch hier gilt: Man muss nicht jedem Medium ein Interview geben.

Bleibt der Vorwurf, Journalisten seien Oberlehrer, die uns zu häufig in die Parade fahren und Antworten präjudizieren. Wahrscheinlich trifft man den Typ „Oberlehrer" unter Journalisten ebenso häufig an wie unter Professorinnen und Verkäufern, Fliesenlegern und Informatikern. Wenn wir uns dennoch an den oberlehrerhaften Journalisten leichter erinnern, dann wohl deshalb, weil unsere Erinnerung anders funktioniert als eine Computer-Festplatte. Unser Gehirn speichert nämlich nicht nur Erlebnisse, sondern ordnet den Zugriff darauf – den wir Erinnerung nennen – nach verschiedenen Kriterien, darunter dem der Wichtigkeit.

Nun weiß man, dass Menschen ausgesprochen unwirsch darauf reagieren, wenn man ihnen ihre freie Entfaltung oder Entscheidung einzuschränken droht oder gar einschränkt. Dies um so mehr, je wichtiger ihnen der Bereich scheint, in dem das geschieht. Diese besondere Befindlichkeit – man nennt sie auch Reaktanz – lässt uns diejenigen wichtigen Bereiche, die uns ein Gegenüber einschränkt, als besonders attraktiv erscheinen; und das Gegenüber, das dies tut, als besonders wenig liebenswert. Da den meisten von uns ein Auftritt in den Medien wichtiger ist als ein Krawattenkauf, ist leicht erklärt, warum der oberlehrerhafte Journalist in unliebsamerer Erinnerung bleibt als der oberlehrerhafte Verkäufer.

Zusammenfassend lässt sich sagen: Der Normjournalist will sein Publikum gut und unterhaltsam, zugleich aber auch kurz informieren. Er orientiert sich an dem Besonderen und Kontrastreichen, hat aber auch ein gut entwickeltes Gespür für die Belange der öffentlichen Meinungs- und Willensbildung. Außerdem gilt sein besonderes Interesse dem Neuen oder Unbekannten, also dem Aktuellen. Einzelne Medien und einzelne Journalisten ignorieren diesen beruflichen Regel-Kanon zugegebenermaßen, doch sollte man als Pressesprecher, als Wissenschaftler, Wirtschaftsboss oder Verbandsvertreter hieraus nicht auf das große Ganze schließen – zumal deshalb, weil man so oder so auf die Medien angewiesen ist, wie sie sind, und nicht, wie sie idealiter sein könnten.

1.2.3 Noch einmal: Ziele des Interviews

Am besten umgeht man als Interviewpartner die Fallstricke der Prinzipien „Kontrast" und „Normabweichung" dadurch, dass man selbst seinen Stoff von einer außergewöhnlichen, das heißt kontrastreichen Seite her anpackt, die zugleich die Lebenswirklichkeit der Zielgruppe wenn schon nicht trifft, so doch streift. Dies betrifft gar nicht so sehr das konkrete Interviewgeschehen, sondern eine viel frühere Hürde: nämlich die, mit seinem Thema bei den Medien überhaupt auf Interesse zu stoßen.

Man darf sich als Altertumswissenschaftler nicht wundern, wenn Grabungen in der Nähe von Rimini ein Indiz für die Neuinterpretation der 15. Zeile des „Res Gestae" zu Tage gebracht haben – und kein Journalist hört zu. Kündigt man jedoch an, dass einer der berühmtesten Badeorte Europas ein antikes Geheimnis gelüftet habe – schon wachsen die Chancen erheblich. Nicht umsonst hat der Wissenschaftsjournalist Ranga Yogeshwar sein Magazin „Quarks und Co." genannt; hätte er den Titel „Mesonen, Leptonen und weitere subatomare Partikel" gewählt, hätte er mit Sicherheit unter Ausschluss der Öffentlichkeit gesendet.

Ähnlich verhält es sich mit der Vereinfachung. Es ist völlig falsch, in einem Interview mit dem Westdeutschen Rundfunk den Level eines Symposions anzustreben. Jeder, der diese Zeilen liest, versetze sich in ein ihm fremdes Fachgebiet und vergegenwärtige sich, wie dankbar er wäre, einen komplizierten Zusammenhang so einfach und unverfälscht wie möglich erklärt zu bekommen. Sollten dabei bestimmte Details unter den Tisch fallen, die für die scientific community, den Börseninsider oder die Verwaltungsfachfrau von geradezu prickelnder Brisanz sind – wen kümmert es von denen, die froh sind, gerade einmal das Grundproblem ansatzweise kennen zu lernen. Zur Vereinfachung gehört deshalb auch die Zuspitzung auf das Wesentliche oder, negativ formuliert: der Verzicht auf Vollständigkeit.

Fachleute müssen sich im Interview immer dessen bewusst sein, dass das durchschnittliche Publikum von ihnen ähnlich weit entfernt ist, wie sie selbst als untrainierte Mittvierziger von einem Olympiateilnehmer im Judo. Kein Mittvierziger ohne pathologische Selbstüberschätzung würde gern mit einem Olympioniken trainieren, der Ernst macht; ähnlich geht es dem normalen Publikum mit einem Experten, der mit Eifer sein Expertenwissen verkündet. Das schafft Frust.

Es gilt deshalb, zwei einfache Grundsätze zu beherzigen:

- Suche in einem Interview nach einem Aspekt im Thema, der selbst für ein breiteres Publikum wenn schon nicht von Relevanz für den Alltag, so doch von intellektuellem Reiz ist. Konkret: Wecke Aufmerksamkeit und Neugier.

- Entschlacke den Stoff von Hintergründen, Zusammenhängen und Details, die die Fachwelt faszinieren mögen, nicht jedoch das breite Publikum. Konkret: Beschränke dich auf den Kern der Botschaft.

2. Eine kleine Typologie

2.1 Formale Typologie

In der Literatur wird allgemein zwischen drei verschiedenen Interviewtypen unterschieden: dem Recherche-, dem Statement- und dem geformten Interview. Mir scheint diese Einteilung nicht sonderlich glücklich, da sie Kommunikationsformen miteinander vermengt, die in sehr grundsätzlicher Hinsicht zu verschieden sind. Hierzu einige kurze Bemerkungen vorweg.

2.1.1 Das Recherche-Interview

Das Recherche-Interview ist ein Gespräch zwischen Journalist und Gesprächspartner, das der Journalist mit der Absicht führt, sachliche Informationen, Hintergrundmaterial oder Bewertungen für einen Text – eine Nachricht, einen Bericht, eine Reportage – zu bekommen. Es bedarf keiner weitschweifigen Erklärung, um zu sehen, dass hierbei ein konstitutives Element des Interviews verloren geht: der kreativ-schöpferische Gesprächsverlauf, der das Interview als eigenständiges Werk unter urheberrechtlichen Schutz stellen kann.

Hierzu ein kurzer Exkurs. Um in den Genuss eines urheberrechtlichen Schutzes zu kommen, müssen zwei Dinge zusammenspielen: die individuelle geistige Leistung des Urhebers und das Werk in seiner vorläufigen oder endgültigen Form. Das heißt mit anderen Worten: Das Werk muss als persönlich geistige Schöpfung bewertet werden, die über Individualität und Kreativität verfügt.

Genau dies wird ein Recherche-Gespräch nicht leisten, weil es niemals den Charakter eines eigenständigen Werkes erhält. Von daher ist das Recherche-Interview so weit vom eigentlichen Interview entfernt, dass es fraglich ist, ob es nicht begrifflich einer anderen Kategorie journalistischer Leistungen zuzuordnen ist.

Ich schlage deshalb vor, das Recherche-Interview begrifflich niedriger zu hängen und lediglich als Recherche-Gespräch zu bezeichnen. Das schafft Klarheit auch in einer anderen, eventuell recht brisanten Frage, die das allgemeine Persönlichkeitsrecht betrifft: Wie steht es mit der Zitierfähigkeit dessen, was gesagt wird? Der Begriff „Interview" suggeriert, dass der Journalist alles, was gesagt wird, veröffentlichen kann. Das Recherche-Gespräch jedoch steht zunächst einmal unter dem Vorbehalt des Rechts am eigenen Wort, was in der Praxis bedeutet, dass sich der Journalist die Veröffentlichung genehmigen lassen muss.

2.1.2 Das Statement-Interview

Das Statement-Interview dient dem Zweck, ein zitierfähiges Statement zu bekommen. Auch an diesem Ausdruck können berechtigte Zweifel angemeldet werden. Das Interview lebt von seinem Spiel zwischen Fragendem und Antwortendem sowie von der Atmosphäre zwischen den beiden Gesprächspartnern. Zugegeben spielt dies in einem kurzen Sachinterview eine untergeordnete Rolle; immerhin jedoch wird unterschwellig auch hier eine atmosphärische Botschaft vermittelt: eben die der Sachlichkeit.

Diese Ebene von Sekundärkommunikation geht in einem Statement-Interview verloren. Wenn hier unterschwellige Botschaften vermittelt werden, dann kommen sie aus ganz anderen Quellen: etwa der Intonation, der Stimmlage und Sprechgeschwindigkeit des Statement-Gebers etc.

Ich ziehe deshalb auch hier einen anderen Ausdruck vor, nämlich kurz und knapp „Statement" ohne jeden verwirrenden Zusatz.

2.2 Typologie des geformten Interviews

Das geformte Interview ist das eigentliche Interview. Es ist jenes Spiel von Frage und Antwort, an das intuitiv jeder denkt, der das Wort „Interview" hört. Wenn wir von jetzt ab von „Interview" sprechen, meinen wir genau das – und nichts anderes. Hier, allerdings, lassen sich einige sinnvolle Unterscheidungen treffen, die wichtig für jemanden sein könnten, der sich auf ein Interview vorbereitet.

Zunächst eine sehr simple Unterscheidung: Wird das Interview in dem Moment, in dem es geführt wird, zeitgleich verbreitet – man spricht hier von einem Life-Interview –, oder handelt es sich um ein aufgezeichnetes und dann zeitversetzt veröffentlichtes Interview? Beim Life-Interview, der Gedanke liegt nahe, ist mehr Vorsicht am Platze. Was gesagt ist, ist unwiderruflich raus; es gibt kein Hintertürchen mehr, durch das man eine voreilige und unbedachte Äußerung zurückholen könnte. Anders beim aufgezeichneten Interview. Hier gibt es oft Mittel und Wege, den Journalisten davon zu überzeugen, dass eine Bemerkung besser nicht veröffentlich wird. Notfalls kann vor einem Interview sogar Autorisierung vereinbart werden. Wir kommen später noch darauf zurück.

2.2.1 Das Print-Interview

Eng mit dieser Frage ist die nach dem grundsätzlichen Weg der Veröffentlichung eines Mediums verbunden: Schrift, Ton oder Bewegtbild. Live-Interviews sind den elektronischen Veröffentlichungswegen der Ton- und Bewegtbildübertragung vorbehalten, das ist klar. Aber damit ist nicht der einzige Unterschied markiert. Vielmehr weiten sich von der Schrift- bis zur Bewegtbildübertragung die unterschiedlichen Ausdrucks- oder Kommunikationsebenen aus.

Auf der Schrift- oder Printebene gibt es im Wesentlichen die (schriftsprachliche) Ausdrucksmöglichkeit. Diese bezieht Inhalt und Bedeutung aus vier Komponenten:

- aus der Auswahl und der Bedeutung einzelner Wörter (Lexik und Semantik)

- aus deren Anordnung im Satz (Grammatik)

- aus dem Aufbau und der Anordnung der Sätze (Syntax) bis hin zu Satzsequenzen – wobei in allen drei Komponenten der gewollte Regelverstoß vielsagender ist als die Normeinhaltung

- und schließlich aus dem schriftsprachlichen Stil als sachverständige, zweckmäßige und zielgruppengerechte Formulierung beziehungsweise als eine gezielte Abweichung davon

2.2.2 Das Hörfunk-Interview

Der nächste Veröffentlichungsweg, nämlich die Tonübertragung, beinhaltet ein ganzes Spektrum weiterer Kommunikationsebenen. Da ist zunächst einmal die stimmliche Qualität der beiden Sprecher. Es gibt wohltönende und souveräne, aber auch quäkige und fistelige Stimmen. Man sollte das Moment der unbewussten Beeinflussung durch stimmliche Qualitäten nicht zu gering schätzen. Einer wohlklingenden Rundfunkstimme wird ein schwacher Inhalt unter bestimmten kognitiven Rahmenbedingungen eher abgekauft als einer übelklingenden. Andererseits darf man auch den Mitleidsbonus nicht unterschätzen, der gerade bei fistelig hellen Stimmchen gerne wirksam wird.

Dann ist da die so genannte Prosodie, die sich aus den Teilbereichen Akzent, Intonation und Pausen zusammensetzt. Dass Pausen beredter sein können als Gesagtes, ist eine Binsenweisheit. Und dass jeder von uns den einen Akzent schön und sympathisch, den anderen hingegen lächerlich bis furchtbar findet, ist ein ebenso bekanntes wie tabuisiertes Thema.

Kommen wir zur Intonation. Hierbei geht es um die Art, wie ein Sprecher mit Lautstärken, Tonhöhen und dem Melodiefluss spielt. Durch Intonation kann man Inhaltsschwerpunkte eines Satzes herausarbeiten, ja man kann sogar Wortinhalten unterschiedliche Bedeutungen geben. Je nachdem, ob ich in dem folgenden Satz das Wort „noch" oder „Termin" betone, habe ich sogar zwei unterschiedliche Satzbedeutungen: „Ich habe um vier Uhr noch (nóch) einen Termín (Termin)." Im ersten Fall hatte ich bereits viel um die Ohren und nun auch noch einen Termin; im zweiten hatte ich bereits eine Menge Termine und nun noch einen. Bedenkenswerter als dies ist, dass die Intonation auch etwas über meine Stimmung und meine Emotionen aussagt: ob ich traurig bin oder heiter, aggressiv oder angstvoll, unduldsam oder verständnisvoll.

2.2.3 Das Fernseh-Interview

Wenden wir uns dem dritten Veröffentlichungsweg zu, der Bewegtbildübertragung. Hier, also im Fernsehen und demnächst wohl auch verstärkt im Internet, kommen die so genannten non-verbalen Kommunikationsmittel ins Spiel, die wir am besten unter dem Oberbegriff der körpersprachlichen Äußerungen zusammenfassen. Dazu zählen vier Teilbereiche: Mimik,

Gestik bzw. Körperhaltung, Blickkontakt bzw. Augenkommunikation und Distanzgestaltung.

Unter Mimik verstehen wir das Miteinander verschiedener Gesichtsfelder wie Stirn, Augenbraue, Nase und Mundpartie, das in einer Face-to-Face-Kommunikation zusammen mit Gestik und Augenkommunikation wichtige Funktionen übernimmt. So werden der Mimik insbesondere drei Aufgaben zugeordnet:

- Sie sagt etwas über die Befindlichkeiten der Sprechenden aus: Gelassenheit, Angespanntheit, Sympathie, Zutrauen etc.

- Sie gibt dem jeweils Sprechenden eine Rückkoppelung darüber, wie das Gesagte angekommen ist: Ob es verstanden, ob nicht verstanden worden ist, ob der Gesprächspartner zustimmt oder anderer Meinung ist, usw.

- Sie signalisiert affektive Reaktionen: ob das Gesagte Ärger oder Freude, Traurigkeit oder Heiterkeit auslöst.

Mimik funktioniert nicht ohne Augenkommunikation. Empirisch nachweisbar ist, dass über Augenkommunikation emotionale Regungen wie Freude, Überraschung, Verärgerung, Trauer und Abscheu transportiert werden; dies sind kulturunabhängige Konstanten. Allerdings ist damit noch nichts darüber gesagt, welche Wirkungen die vier folgenden Ausdrucksweisen der Augenkommunikation jeweils haben: sich gegenseitig in die Augen schauen; ins Gesicht meines Gegenüber schauen; den Blickkontakt völlig vermeiden; meinen Blick mal hierhin, mal dorthin richten. Der Einsatz dieser vier Mittel nämlich – ihr Zusammenspiel und ihre Intensität – sind kulturabhängig.

Zur Mimik und Augenkommunikation kommt die Gestik. Da wir unter Gestik die Haltung und Stellung einer Person, aber auch die Bewegung vor allem der Hände, des Oberkörpers und der Beine verstehen, wollen wir nicht zwischen Gestik und Körperhaltung differenzieren. Zur Gestik ist vieles geschrieben worden – das meiste davon rein spekulativ. Deshalb sollte hier eines ganz besonders betont werden: Es gibt keine Grammatik der Gestik. Deshalb ist es unsinnig zu behaupten, bestimmte Körperhaltungen oder Bewegungen hätten klar zuzuordnende Bedeutungen. Wer immer noch die vor dem Brustkorb verschränkten Arme als Abwehr und Verschlossenheit interpretiert, der muss sich wohl oder übel den Vorwurf der Spökenkiekerei gefallen lassen. Im Kaffeesatz zu lesen ist allemal erfolgversprechender.

Überdies stoßen gerade in der Lehre der Gestik zwei Schulen aufeinander: Die Vertreter der Mimesis- und der Authentizitäts-These. Erstere halten, stark vereinfacht formuliert, ein gestisches Repertoire für lehr- und lernbar; entsprechend glauben sie an bestimmte körpersprachliche Reiz-Reaktionsmuster. Letztere hingegen glauben, dass es, letzten Endes, darauf ankommt, so authentisch wie möglich aufzutreten; entsprechend sind sie bestenfalls bereit, paradoxe Signale zwischen der verbalen und der nonverbalen Kommunikationsebene zu verhindern oder zu beseitigen.

Bleibt das Distanzverhalten bzw. die Distanzgestaltung (Proxemik). Zusammen mit der Augenkommunikation entscheidet die Distanzgestaltung darüber, wie nah oder fremd ich jemandem bin – und bleiben möchte (Affiliation). Jeder von uns kennt den Fahrstuhleffekt: Man steht eng beieinander und guckt sich tunlichst nicht an. Kleine Distanz plus Blickkontakt ergäbe zusammen ein Maß an Intimität, das von niemandem in dieser Situation gewollt ist. Andererseits: Zwei frisch Verliebte, die eng beieinander stehen und sich minutenlang in die Augen schauen. Die Empirie weist zweierlei aus: Je größer der Abstand, desto häufiger sollte ein Blickkontakt erfolgen, wenn eine gewisse Affiliation gewünscht ist. Der mittlere soziale Distanzraum liegt in Mitteleuropa bei gut einem Meter. Und schließlich: Wird eine Distanz von 60 Zentimetern unterschritten, so werden Blickkontakte zwischen Menschen, die sich innerlich nicht sehr nahe stehen, als Aggression interpretiert.

Ein Randproblem des Fernsehinterviews sind bestimmte Kleidungs- und Schmuckstücke. Um mit letzteren zu beginnen: Schmuck kann, je nach Beschaffenheit, zu Lichtspiegelungen führen. Diese Spiegelungen können schlimmstenfalls wie kleine Blitze wirken, die sich auf dem TV-Bildschirm sehr störend auswirken. Überdies zieht großflächiger Schmuck stark die Aufmerksamkeit auf sich und wirkt, anders als im Alltag, leicht aufdringlich.

Armreifen und -ketten sowie metallene Uhrarmbänder können bei stark gestikulierenden Menschen, die an einem Tisch sitzen, zu recht lauten und nervtötenden Klack-Geräuschen führen – insbesondere dann, wenn das Mikro auf dem Tisch steht und die Schallwellen von der Tischplatte direkt an das Mikro weitergeleitet werden.

Zur Kleidung. Grundsätzlich sollte man kleinkarierte und gestreifte Kleidungsstücke vermeiden. Sie können schnell ein Moiré bilden, also eine störende Bildmusterung. Gemieden werden sollten außerdem rein weiße und schwarze Kleidungsstücke; Weiß überstrahlt und macht zudem dem Kameramann in der Ausleuchtung Probleme; Schwarz wirkt hingegen leicht klobig und dominant. In bestimmten technischen Sonderfällen, der so genannten Blaustanze, kann auch die Farbe Blau zu Problemen führen.

Man sollte sich deshalb durch ein kurzes Gespräch im Vorfeld sachkundig machen, ob die Studiotechnik mit Blaustanzen arbeitet oder nicht.

Überdies gilt im Studio der Grundsatz, dass man sich besser leicht und luftig kleiden sollte; denn die nahezu perfekte Beleuchtung eines modernen Studios ist mit erheblicher Wärmeabstrahlung verbunden.

Alle diesbezüglichen Anmerkungen gelten, dies sollte einschränkend festgehalten werden, nur für den Studiobetrieb. In einer Außenaufnahme sind die Toleranzgrenzen bedeutend weiter gesteckt, weil die technischen Möglichkeiten draußen in der Regel nicht so ausgefeilt sind – insbesondere was die Beleuchtung betrifft.

2.3   Inhaltliche Typologie

Unter inhaltlichen Gesichtspunkten kann es, gerade in der Vorbereitung auf ein Interview, nützlich sein, sich folgende zwei Einteilungen klar zu machen: die nach thematischen Unterschieden und die nach Beurteilungsaspekten.

Thematisch lassen sich drei Typen unterscheiden: das Interview zur Sache, zur Meinung und zur Person. Ersteres ist stark an Fakten und Sachzusammenhängen interessiert; es wendet sich an einen Interviewpartner, der Zeuge eines Geschehens oder Experte in einem Fachgebiet ist. Das Meinungsinterview hebt auf Bewertungen und – in der Regel strittige – Erklärungen von Sachverhalten ab; es möchte klären, wie ein Sachverhalt mit anderen zusammenhängt, wie er zu beurteilen ist und welche Konsequenzen sich aus einem Ereignis oder einem Plan ergeben können. Das Personeninterview schließlich geht auf die beruflichen oder privaten Aspekte der Vita des Interviewpartners ein.

Nach Beurteilungsunterschieden eingeteilt, lassen sich das neutrale, das konsensuelle und das nicht-konsensuelle Interview unterscheiden. Wie bereits angeklungen, ist das Sachinterview unter dem Aspekt der Beurteilung häufig neutral; das Meinungsinterview wird häufig nicht-konsensuell geführt; und das Interview zur Person weist oft konsensuelle Züge auf.

Diese Einteilung dient vor allem der Vorbereitung auf ein Interview. Denn es ist häufig möglich, in einem Vorgespräch zu dem Interview dem Journalisten zu entlocken, wohin die Reise inhaltlich gehen wird. Ja, nicht selten gibt man dem Journalisten in dem Vorgespräch sogar den Stoff an die Hand, aus dem er seine späteren Fragen baut.

Entsprechend der vermuteten inhaltlichen Orientierung greife ich zu bestimmten Vorbereitungstechniken. Im Falle eines Personeninterviews, das eher porträtierenden Charakter hat, muss ich gegebenenfalls bei einigen wunden Punkten meiner Vita mit unliebsamen Nachfragen rechnen; alles in allem jedoch brauche ich keine Fallstricke zu vermuten. Auf das Sachinterview bereite ich mich mit Fakten und Hintergründen vor. Problematisch wird's beim Meinungsinterview. In ihm nämlich können sehr wohl Gegensätze aufeinander prallen. Methodisch trage ich dem dadurch Rechnung, dass ich Instrumente zur Vorbereitung wähle, die ein Optimum an argumentativer Präsenz garantieren.

3. Der Interviewverlauf

Je nachdem, ob man für die Zeitung, den Hörfunk oder das Fernsehen interviewt wird, ist der Verlauf geringfügig anders. Wir sollten uns exemplarisch das Interview im Hörfunk anschauen. Denn das Hörfunkinterview umfasst alle wesentlichen Bestandteile eines Standardverlaufs.

TV und Printmedium hingegen beinhalten keine so gravierenden Abweichungen, dass diese eigens dargestellt werden müssten. Einzig die „Vorbehandlung" in der Maske gilt es, als Besonderheit im Bereich TV zu erwähnen.

3.1 Das Vorgespräch

Irgendwann einmal klingelt im Büro oder zu Hause das Telephon, und am anderen Ende ist der Hörfunk, der ein Interview besprechen möchte. Natürlich beginnt dieses Gespräch im Normalfall mit der Thematik, um die es geht. In aller Regel will der Journalist bei dieser Gelegenheit herausfinden, ob er wirklich den kompetenten oder in anderer Hinsicht geeigneten Partner für das geplante Gespräch gefunden hat.

Dieser Phase des gegenseitigen Abtastens folgt sehr schnell die der inhaltlichen Ein- und Abgrenzung des Themas. Als Gesprächspartner ist es zum Beispiel nützlich zu wissen, welchen Kenntnisstand der Journalist hat, in welche Richtung er ungefähr fragen wird, wie er selbst zu dem Thema steht und warum der Journalist gerade dieses Thema und diesen Gesprächspartner vorgesehen hat. Im Zusammenhang damit wird man deshalb erfragen, in welchem größeren Zusammenhang das geplante Interview steht, ob es Teil einer größeren, thematisch identischen Sendestrecke ist oder quasi ein thematisches Unikat.

Für den Fall, dass es Teil einer größeren Sendung ist, sollte man unbedingt klären, welche anderen Stimmen wo zu Wort kommen, ob man selbst also eher am Ende, eher am Anfang oder irgendwo mittendrin an der Reihe ist. Dies dürfte sich auf rhetorische wie argumentative Vorüberlegungen auswirken.

Von entscheidender Bedeutung ist weiterhin im Falle einer Aufzeichnung die Frage, wie lang das Gespräch und wie lang später der gesendete Beitrag sein werden. Klaffen Aufzeichnungs- und Sendezeit zu weit auseinander, so ist Vorsicht am Platze. Bei einem Verhältnis von drei zu eins (und mehr) wird im Schnitt das aufgezeichnete Gespräch derart stark verändert, dass Verzerrungen oder Verfälschungen nicht auszuschließen sind. Deshalb ist es in beiderlei Interesse zu vereinbaren, dass sehr stark gekürzte Interviews vor ihrer Ausstrahlung noch einmal gegengehört werden dürfen. Allerdings darf diese Praxis als Ausnahme angesehen werden.

So sinnvoll es ist, sich intensiv über das Thema und seine Strukturierung zu unterhalten, so überflüssig ist es, einzelne Fragen oder gar deren Reihenfolge abzusprechen. Ein seriöser Journalist, der auf sich hält, wird sich darauf nur äußerst ungern einlassen. Aber selbst wenn: Mit einer solchen Absprache tut man auch seinem Publikum keinen Gefallen. Vorab festgelegte Fragen wirken hölzern, das so geführte Gespräch künstlich und gestelzt. Der Grund hierfür liegt auf der Hand: Eine natürliche Gesprächsführung lebt davon, dass der eine Gesprächspartner auf den anderen eingeht – etwa durch klärende Nachfragen, durch kurze Interpretationsversuche, Unterbrechungen etc. Unterbleiben all diese – letztlich nicht planbaren – Einschübe, so bemerkt dies ein Zuhörer unbewusst. Das Gespräch wird ihn befremden, vielleicht sogar ohne die geringste Vermutung, was diese Befremdlichkeit bewirkt.

Das heißt jedoch nicht, dass man nicht den Tenor der ersten Frage verabredet, allein deshalb, um beiden Seiten einen leichten, problemlosen Start zu gewährleisten. Danach aber sollte auf jeden Fall das Gespräch ohne Netz und doppelten Boden anfangen.

3.2 Das eigentliche Interview

3.2.1 Der Sendeablauf

Das Interview beginnt häufig genug mit einem weiteren, allerdings sehr kurzen Vorgespräch. Etwa zehn Minuten vor Beginn des Gesprächs ruft die Redaktion kurz noch einmal an, um die Richtigkeit der Telephonnummer zu überprüfen, die Übertragungsqualität zu checken, vielleicht auch um die Frage zu klären, ob der Gesprächspartner auch wirklich bereit ist, das Gespräch zu führen. Normalerweise wird man bei diesem kurzen Gespräch noch einmal darum gebeten, kein Radio laufen zu lassen, um Rückkoppelungen zu vermeiden. Und dann ist es endlich so weit.

Drei, vier Minuten vor Beginn klingelt erneut das Telephon und man wird in die laufende Sendung eingeklinkt. Häufig wird es ein Musikstück sein, das vor dem eigenen Wortbeitrag eingeblendet wird, manchmal ist es aber auch das vorherige Gespräch oder, gerade zu Beginn einer Sendung, die allgemeine Anmoderation mit der Übersicht für die nächsten 30 oder 60 Minuten. In dieser Situation hört man Radio am Telephon, sollte dabei allerdings nicht vergessen, dass man sehr bald selbst an der Reihe ist. Je länger man vor seinem eigenen Auftritt eingeklinkt wird, desto größer ist die Gefahr, sich ablenken zu lassen und den eigenen Einsatz zu verpassen.

Nach einer kurzen Vorstellung des Themas und der Ankündigung der Person und ihrer Funktion geht es dann los. Das Interview beginnt. Wichtig ist, dass man sich als Gesprächspartner hierbei auf die Dialogsteuerung des Journalisten einlässt. Der Journalist steuert mit seinen Fragen das Gespräch wie ein Lotse; er ist es, der die thematische Richtung vorgibt; er ist es aber auch, der die Situation retten muss, sollte sich das Gespräch einmal hoffnungslos in den Untiefen irgendwelcher Irritationen verfangen haben.

3.2.2 Fragen des Journalisten

Im Wesentlichen steht dem Journalisten hierzu ein begrenztes Repertoire an Fragen zur Verfügung, deren wichtigste im folgenden kurz beleuchtet werden sollen.

Grundsätzlich unterscheidet man offene und geschlossene Fragen. Offene Fragen ermöglichen es dem Gesprächspartner, die Antwort inhaltlich mit einer gewissen Freiheit zu gestalten. Eine typische offene Frage wäre die nach den Gründen für den Rechtsradikalismus unter Jugendlichen. Auf der anderen Seite stehen die geschlossenen Fragen. In ihnen ist das Spektrum möglicher Antworten stark eingeschränkt. So etwa wäre die Frage nach der Zahl der Professuren an der Ruhr-Universität eine geschlossene. Natürlich hat der Gesprächspartner jederzeit die Möglichkeit, den durch die Frageform vorgegebenen Rahmen zu sprengen; allerdings stellt das, streng genommen, einen kleinen Verstoß gegen das Dialogsteuerungs-Postulat dar und sollte auf jeden Fall vorsichtig dosiert eingesetzt werden. Die mitunter quälende Nervigkeit so mancher Politikerinterviews rührt letzten Endes daher, dass viele Politiker glauben, sich über diese impliziten Vorgaben hinwegsetzen zu können. Geschlossene Fragen treten als so genannte Ja-/Nein-Fragen und als geschlossene Informationsfragen auf.

Eine sehr große Gruppe von Fragen bilden die Balkon- oder Plattformfragen. Formal bestehen sie aus zwei Teilen: einem Einstieg, der so genannten Plattform, in deren Verlauf bestimmte Tatsachen oder Meinungen behauptet werden, und der eigentlichen Frage. Ein Beispiel hierfür wäre folgende Frage: „Ihr Vorsitzender hat an alle Mitglieder einen Brief geschrieben, in dem er die Finanzprobleme, die auf Ihre Gesellschaft zukommen, herunterspielt und verniedlicht. Wird dieser Brief Gegenstand Ihrer nächsten Vorstandssitzung?"

Wie man sieht, dient die Plattform („Ihr Vorsitzender ... herunterspielt und verniedlicht") der Begründung oder Herleitung der Frage; in seltenen Fällen mag es auch vorkommen, dass der Journalist in der Plattform Behauptungen zu platzieren sucht, die die Frage beeinflussen sollen. Hiergegen kann man sich als Interviewpartner wehren und die Plattform anzweifeln, indem man sie als falsch oder unbegründet zurückweist oder deren Herkunft in Frage stellt. In unserem Fall also wären folgende Alternativen denkbar:

- „Ja, der Brief wird Gegenstand unserer nächsten Sitzung sein. Auch wir waren erstaunt darüber, wie Herr Mustermann auf die Idee kommen konnte ..."

- „Herr Mustermann hat nichts heruntergespielt oder verniedlicht. Vielmehr hat er die Dinge so beschrieben, wie sie sich nach seinem Kenntnisstand darstellen. Hier, allerdings, zeigen die jüngsten Entwicklungen, dass sich unsere finanziellen Ressourcen sehr viel anders ..."

- „Ich frage mich, woher Sie Kenntnis von dem Brief und, was viel wichtiger ist, Kenntnis seines Inhaltes haben. Bisher dachte ich immer, das Briefgeheimnis ..."

- „Sagen Sie mal: Wer hat Ihnen das nun wieder gesteckt?"

Alles in allem ist Vorsicht mit Plattformfragen immer dort geboten, wo der Inhalt der Plattform geeignet ist, einen falschen Eindruck zu erzeugen.

Denn die Kommunikationsforschung zeigt deutlich, dass der Zuhörer der Tendenz einer Frage eher folgt als der einer Antwort.

Ähnlich ambivalent sind interpretierende Nachfragen oder Verständnisfragen. In der Mehrzahl der Fälle dienen sie dazu, im Dienste des Zuhörers sicherzustellen, dass eine vielleicht schwierige Antwort richtig vom Publikum verstanden wird. Zu diesem Zweck wird die Antwort mit den Worten des Journalisten noch einmal neu formuliert, wird umschrieben oder auch in einen erweiterten Zusammenhang gestellt.

Auch hierzu ein Beispiel. Nachdem ein Mitglied des Ethikrates eine längere und komplexe Antwort gegeben hat, folgt die Frage: „Das heißt also, dass sich der Ethikrat für die Freigabe von Experimenten mit Stammzellen ausspricht?" Eine Möglichkeit ist, dass diese Interpretation berechtigt ist; dann sollte man definitiv zustimmen, denn die Zuhörer sind nicht an Arabesken, sondern an handfesten Informationen interessiert. Oder aber die Schlussfolgerung ist in dieser Absolutheit unberechtigt; dann sollte man sie richtig stellen, aber in einer klaren, aussagekräftigen Form. Etwa so: „Wenn für die Experimente extra Stammzellen gezüchtet werden müssten, dann lehnen wir das ab. Sind aber überschüssige Stammzellen da und würden sie so oder so vernichtet, dann befürworten wir Experimente damit."

Kommen wir zur Suggestivfrage. Die Suggestivfrage unterstellt dem Interviewpartner Motive für sein Handeln beziehungsweise für seine Äußerungen, die so nicht existieren. Hierzu ein Beispiel: „Sie wiederholen die Experimente von Professor Mustermann mit nur unerheblichen Änderungen. Offensichtlich misstrauen Sie Ihrem Fachkollegen, oder?"

Es ist wichtig, jede Unterstellung sofort entschieden zurückzuweisen beziehungsweise zu korrigieren, indem man seine wahren Motive oder Meinungen offen legt. Sollte man als Interviewpartner feststellen, dass der Journalist häufig und gern zum Mittel der Suggestion greift, so kann es auch angebracht sein, dies in einem kleinen Gesprächsexkurs offen anzusprechen: „Sagen Sie mal, was bezwecken Sie eigentlich damit, mir ständig Ansichten und Motive zu unterstellen, die ich nicht habe?" Immerhin bringt man den Journalisten damit in einen Rechtfertigungsdruck; er wird höchstwahrscheinlich keine befriedigende Antwort hierauf finden. Sollte er danach immer noch mit Unterstellungen arbeiten, so kann man dann – scheinbar resigniert – darauf verweisen, dass diese ständige Wiederholung einer unberechtigten Technik intellektuell phantasielos sei.

Schließlich und endlich sei noch ein Blick auf Fangfragen geworfen. Fangfragen basieren eigentlich immer darauf, dass sie eine Tatsache, Meinung, Willlensbekundung oder Handlung des Gesprächspartners voraussetzen, die in einem Widerspruch zu der Antwort steht, die auf die eigentliche Fangfrage zu erwarten ist. Die Fangfrage kommt deshalb oft in Form einer Vorfrage und der eigentlichen Fangfrage daher. Dabei spielt die Vorfrage die Rolle des unscheinbaren Köders, mit der Fangfrage dann schnappt die Falle zu. Deshalb ist Vorsicht geboten bei (Vor-)Fragen, auf die man – geradezu selbstverständlich – nur mit einer Tendenz antworten kann, etwa: „Sind Sie nicht auch der Meinung, dass unsere Bemühungen für eine gesunde Luft, für sauberes Wasser und damit für das Wohlergehen unserer Kinder und Kindeskinder nicht erlahmen dürfen?" Die Antwort hierauf ist derart selbstverständlich, dass man sie mit einem deutlichen Vorbehalt bejahen sollte; denn mit Sicherheit hat der Journalist Indizien an der Hand, die den Vorwurf stützen, man habe in der Vergangenheit genau diese Bemühungen nicht ernst genug genommen. Ist aber erst einmal durch eine solche Falle unser Image beschädigt, fällt es aus verschiedenen kommunikationspsychologischen Gründen sehr schwer, glaubhaft in die Zuhörerschaft hinein zu antworten.

3.3   Autorisierung

Solchen und ähnlichen Fallen kann der Interviewpartner ausweichen, indem er von dem Rechtsinstrument der Autorisierung Gebrauch macht. Die Autorisierung ist ein Ausfluss unseres allgemeinen Persönlichkeitsrechtes und spiegelt das Recht jedes Einzelnen von uns wider, gegenüber der Öffentlichkeit frei über seine Worte zu verfügen.

Die Verpflichtung zur Autorisierung tritt nur dann in Kraft, wenn bereits vor Interviewbeginn eine Autorisierung verabredet wurde. Wünscht der Gesprächspartner sie, so muss sie ihm jedoch zwingend zugesichert werden. Er ist dann berechtigt, an dem aufgezeichneten Interview Streichungen und Veränderungen jeder Art vorzunehmen. Der Journalist hat allerdings im Umkehrschluss auch das Recht, zu weitgehende Eingriffe damit zu beantworten, dass er das Interview generell ablehnt bzw. es nicht druckt oder sendet.

Es ist klar, dass das Instrument der Autorisierung sich im Wesentlichen auf Printmedien beschränkt. Denn nur dort können problemlos schnelle Veränderungen vorgenommen werden. Zwar besteht, rein rechtlich gesehen, gegenüber den elektronischen Medien derselbe Anspruch, doch stößt das Verlangen nach Autorisierung dort auf deutlich höhere Machbarkeitshürden, sodass der Journalist der elektronischen Medien diesem Ansinnen immer noch gern aus dem Weg geht.

Besteht der Interviewte nicht auf Autorisierung, hat er nicht das Recht, das Interview zu irgendeinem Zeitpunkt zurückzuziehen oder Teile des Gesprächs zu streichen. Einzige und zugleich seltene Ausnahme: Zwischen dem Gespräch und seiner Veröffentlichung haben sich die Umstände derart gravierend verändert, dass der Gesprächsinhalt keine sachliche Grundlage mehr hat.

4. Schlussbetrachtung

Interviews sind Darstellungsformen, die sehr viel Authentizität ausstrahlen. Denn hier spüren Leser, Hörer und Zuschauer wie in keiner anderen journalistischen Darstellungsform die unmittelbare Teilhabe aller Gesprächspartner. Interviews sind deshalb in breitesten Zielgruppen sehr beliebt und hochgradig akzeptiert – anders als die etwas sperrig und spröde anmutende Nachricht, die man als Öffentlichkeitsarbeiter in seiner Pressemitteilung verfasst.

Außerdem bieten sie wie keine andere Darstellungsform einem jeden, der ein öffentliches Anliegen zu vertreten hat, den unmittelbaren, unverfälschten Zugang zur Öffentlichkeit.

Vordergründig vielleicht eine Nebensächlichkeit, langfristig jedoch ausgesprochen wichtig: Der Journalist, der das Interview führt, fühlt sich in keiner Sekunde des Geschehens vom Öffentlichkeitsarbeiter instrumentalisiert. Er ist de facto Herr des Geschehens, und dennoch arbeitet er mit an der Verbreitung eines Anliegens, das nicht zuletzt auch im Interesse seines Gesprächspartners liegt. Das Interview ist, so betrachtet, ein sehr taugliches Instrument, um eine langfristig zufrieden stellende Win-win-Strategie zwischen Journalist und Öffentlichkeitsarbeiter zu praktizieren.

Literatur

* **Friedrichs, Jürgen/Schwinges, Ulrich:** *Das journalistische Interview.*
 – Opladen, Wiesbaden: Westdeutscher Verlag 1999

 Das Lehrbuch von Schwinges und Friedrichs umfasst alle wesentlichen
 Aspekte der Interviewführung in ausreichend umfassender Art. Insbesondere das Kapitel über Fragetechniken vermag zu überzeugen.

* **Haller, Michael:** *Das Interview. 3. Aufl.* – Konstanz: UVK Medien
 2001

 Hallers „Interview" stellt eine umfassende Sichtung und Sammlung aller Aspekte dar, die mit dem Interview zu tun haben. Beginnend mit einem geschichtlichen Abriss, stellt Haller Interviews bzw. Interviewführung in den unterschiedlichen Medien dar und behandelt umfassend
 Fragetechniken.

* **Klein/Olschewski/Waclawczyk (Hrsg):** *Fragestunde – Einfach bessere Interviews, Ein Basiskurs für Einsteiger.* – Bonn: Standortpresse
 GmbH 1991

 Eine sehr geraffte Darstellung, die einen guten ersten Einblick in die
 Technik des Interviews gibt.

Die Pressemitteilung

Edmund Schalkowski

Edmund Schalkowski hat Volkswirtschaft, Politik und Philosophie in Marburg studiert. Er ist seit 1996 wissenschaftlich-journalistischer Mitarbeiter des Journalistenzentrums Haus Busch. Die Langzeitausbildung „Journalist für Pressestellen" wurde von ihm konzipiert und wird seit ihrem Start 1997 auch von ihm geleitet.

1. Die Medien als System

Warum haben die das nicht abgedruckt? Eine ärgerliche Frage, wenn man beim Frühstück sitzt, seine Zeitung durchblättert und vergeblich die Pressemitteilung sucht, die man am Vortag an die Redaktion geschickt hatte. Dabei war doch alles richtig: Ein wissenschaftlicher Durchbruch von großem öffentlichen Interesse, ein begeisterter, flott formulierter Text; dazu noch zwei Bilder, in aller Eile mit der Polaroid fotografiert und mit Bildtext versehen. Und dann dieses Ergebnis, enttäuschend.

Was ist passiert? Es gibt viele Gründe, die den Abdruck der Presseinformation verhindert haben könnten: Vielleicht ist der zuständige Redakteur plötzlich krank geworden und sein Material bleibt liegen. Vielleicht hat ein wichtiges Ereignis gestern die Rubrik „Aus der Wissenschaft" verdrängt. Vielleicht ist der Redakteur auch über den ersten Satz gestolpert, der da hieß: „Vergessen Sie alles, was Sie bislang über wirkmedienbasierte Fertigungstechniken zur Blechumformung zu wissen glauben" und hat den Text auf den Stapel mit Papieren gelegt, die er immer lesen will und nie liest. Was immer passiert ist, fest steht jedenfalls: Aus irgendwelchen Gründen, auf irgendeine Weise hat die Pressemitteilung die Einflugschneise in das Medium Zeitung verpasst. Wieso Einflugschneise?

Der Journalismus ist nicht das, wofür ihn viele halten: ein neutrales Instrument, das allen offen steht, die Neues und Wichtiges mitzuteilen haben. Und Journalisten sind nicht die ehrlichen Makler, die getreulich weitergeben, was Bürger anderen Bürgern anvertrauen wollen. Zeitungen und Zeitschriften, Rundfunk und Fernsehen bilden ein System, das nach eigenen Regeln bestimmt, was es aus der Gesellschaft aufnimmt und was nicht.

Ein System, das mit Hilfe von Selektionskriterien den gesellschaftlichen Informationsstrom filtert und bearbeitet.

Wer also über die Medien den Dialog mit der Öffentlichkeit sucht, muss die Regeln dieses Systems beherrschen; er muss imstande sein, seine Botschaft in der Sprache des Systems zu formulieren. Die Grundfigur des medialen Codes ist die Nachrichtenform. Alle Texte, die aus der Gesellschaft, aus Politik, Wirtschaft, Recht ebenso wie aus der Wissenschaft den Weg in die Medien insgesamt finden wollen, müssen also von Texttyp, Inhalt, Aufbau und Sprache her grundsätzlich als „Nachrichten" fungieren können.

2. Der Texttyp Nachricht

Was den Texttyp Nachricht ausmacht, zeigt ein Blick auf das Spektrum der Textsorten, die der Journalismus in seiner vierhundertjährigen Geschichte ausgebildet hat. Dieses Spektrum umfasst rund zehn bis fünfzehn Textsorten, die sich wiederum auf drei Grundtypen reduzieren lassen: die nachrichtlichen Texte, die kommentierenden Texte und die reportierenden Texte. Was unterscheidet nun die Nachricht vom Kommentar und von der Reportage?

Die Nachricht setzt ein Ereignis voraus, allgemeiner gesagt: einen Sachverhalt der „objektiven" Welt. Sie selbst ist die sprachliche Fassung dieses Ereignisses, die Abbildung dieses Ereignisses in sprachlicher Form. In dieser Verschlüsselung kann sie als Information funktionieren: das, was den Sachverhalt enthält und an den Leser weitergibt. Der Leser umgekehrt, indem er die Information entschlüsselt, nimmt vom Sachverhalt Kenntnis, er lässt ihn vor seinem geistigen Auge erstehen. (Als vom wahrnehmenden und denkenden Menschen vorgenommene Abbildung ist die Nachricht natürlich ein subjektives Erzeugnis: Konstruktion, aber eine Konstruktion, die den objektiven Sachverhalt zugrunde legt und an ihn gebunden ist.)

Welcher Art diese Abbildung ist, lässt sich genauer fassen am Beispiel folgender Nachricht (*Süddeutsche Zeitung*, 9. Mai 2000, gekürzt und vereinfacht):

> Einen ungewöhnlichen Jahrestag begingen am Montag die Eheleute Geraldo und Sebastiana Castro in der brasilianischen Kleinstadt Unai: Seit 35 Jahren sprechen sie kein Wort mehr miteinander und führen doch eine glückliche Ehe.

> In dieser langen Zeit hätten sie sich sehr lieb gehabt und auch fünf Kinder gezeugt, vertraute der Ehemann der Zeitung O Globo an. Dabei war er es, der sich 15 Jahre

nach der Hochzeit das Schweigegelöbnis auferlegt hatte, weil er über seine Frau verärgert war: Das siebente Kind war mit grünen Augen geboren worden – ein Seitensprung von Sebastiana, wie Geraldo vermutete. Gerüchte, beteuert die Frau heute.

Was für eine Geschichte, die da hinter den wenigen Zeilen zu ahnen ist! Was für ein Abgrund der Verzweiflung bei der Frau, von Gefühlstumult beim Mann; welche Komik und Skurrilität in der Kommunikation der beiden Eheleute und ihrem offenbar glücklichen Liebesleben! Und von all dem nichts im Text, lediglich das dürre Gerüst der Daten und Fakten, die von einem unbeteiligten Beobachter berichtet werden: zwei Eheleute, sie sprechen seit 35 Jahren nicht mehr miteinander, aber haben währenddessen fünf Kinder gezeugt; der Mann schweigt, weil er seine Frau des Seitensprungs verdächtigt, die aber beteuert ihre Unschuld.

Damit ergibt sich als Bestimmung der journalistischen Textform Nachricht: Die Nachricht ist die Abbildung eines Sachverhalts in sprachlich-begrifflicher Form. Sie reduziert den Sachverhalt auf das Skelett der Daten und Fakten und nimmt dabei die Perspektive des unbeteiligten, objektiven Beobachters ein.

Wie wird nun aus der Nachricht eine Reportage, am Beispiel des Ehepaars Castro: Wie wird aus dem ungewöhnlichen Leben von Sebastiana und Geraldo (dem Sachverhalt) nicht eine Nachricht, sondern eine Reportage? Schauen wir uns dazu an, wie eine solche Reportage anfangen könnte:

Manchmal erinnerte sich Sebastiana noch an den Tag, seit dem Geraldo kein Wort mehr mit ihr sprach.

Es war ein drückend heißer Nachmittag gewesen. Sie saß in ihrem kleinen, von einer hohen Mauer umgebenen Hinterhof, ihre neugeborene Tochter auf dem Schoß. Als plötzlich Geraldo vor ihr stand, schreckte sie auf. Seine Hand zeigte auf das Gesicht des Kindes, oder waren es die Haare, die Augen? Was sollte das, was hatte das zu bedeuten?

Als er sich umdrehte und ins Haus ging, gab es für sie keinen Zweifel mehr. Es waren die Augen. Sie waren grün, und ihre waren blau wie seine …

Hier geht es wie in der Nachricht um Daten und Fakten: Es ist drückend heiß, Sebastiana sitzt in ihrem Hof; ihr Mann kommt, zeigt auf die Augen ihres Kindes, dreht sich um und geht. Dies sind aber nicht die Fakten, die angeben, „was" passiert ist, sondern die ausdrücken, „wie" es passiert ist. Es sind die „weichen" Fakten der Atmosphäre, der Stimmung, des Kolorits; sie zeigen das Innere der handelnden Personen, ihre Gedanken und Gefühle und erzeugen wiederum im Leser Anteilnahme und Spannung.

Und wie? In erster Linie, weil die Reportage einen anderen Blickwinkel wählt, nicht den des unbeteiligten Beobachters wie die Nachricht, sondern den einer beteiligten Person. Im Beispiel ist dies die Sicht der Frau, die sich erinnert und die entscheidende Szene, die das lange Schweigen der Ehegatten einleitete, aus ihrem Gedächtnis wieder erlebt.

Der Texttyp Reportage lässt sich also folgendermaßen bestimmen: Die Reportage sieht den Sachverhalt aus subjektiver Perspektive, oft mit den Augen des Handelnden. Ihr Gegenstand ist nicht das äußere Gerüst eines Ereignisses, sondern sein sinnlich-konkretes Innenleben in Form von Atmosphäre und Stimmung einerseits, Gedanken und Gefühlen der Handelnden andererseits. Ihr Ziel ist nicht, die abstrakte Allgemeinheit, sondern die konkrete Einmaligkeit eines Ereignisses zu reproduzieren: Der Leser sieht, hört, schmeckt, riecht, was der Autor gesehen, gehört, geschmeckt und gerochen hat.

Was unterscheidet schließlich die dritte Großform, den Kommentar, von Nachricht und Reportage? Wiederum zunächst ein Beispiel, wie man das Leben des Ehepaars Castro kommentieren könnte:

> Als Gott das Ehepaar schuf und damit den ewigen Kampf der Geschlechter, gab er beiden Seiten zum Überleben eine scharfe Waffe: der Frau das unaufhörliche Geplapper, dem Mann das eiserne Schweigen. Der Kampf wogte jahrhundertelang unentschieden, er wogt immer noch, doch langsam wird klar, dass die Männer ihn verloren haben.
>
> Wie die Zeitung O Globo berichtet, sprach Geraldo Castro aus Unai in Brasilien 35 Jahre lang kein einziges Wort mit seiner Frau. Er hat die Waffe des Schweigens in ihrer erbarmungslosesten Form eingesetzt – und den Kampf verloren. Seine Frau Sebastiana liebt ihn immer noch. Plappernd hat sie ihm fünf Kinder geboren, die er schweigend gezeugt, plappernd hat sie ihm das Essen gekocht, das er schweigend verzehrt hat. – Schweigen ist nur noch lächerlich.

Wie sofort zu erkennen ist, handelt es sich hier um die spezielle Variante des Kommentars, die Glosse. Sie baut den Kern des Sachverhalts in ein Märchen über den ewigen Kampf von Mann und Frau ein. Ihr (indirekt formuliertes) sarkastisches Fazit: Die Waffe des Schweigens hat ausgedient, das universelle Geschwätz hat gesiegt. Der Sachverhalt wird also benutzt zu einer scharfen Kritik an der heutigen Kommunikations-, zutreffender: Schwadroniergesellschaft; er ist Anlass, die Gegenwart zu bewerten, ihr einen – konservativ-kritischen – Maßstab anzulegen.

Doch wo ist in diesem Beispiel der Sachverhalt, sei es als Skelett, wie es in der Nachricht vorliegt, sei es als Innenleben, wie es die Reportage schildert? Der Sachverhalt ist weder von der Seite der „harten" noch von der Seite der „weichen" Fakten erfasst, er ist in reduzierter Form lediglich

Anlass, „neue" Fakten einzuführen: Dies sind entweder Fakten der Normativität (Gesetz, Moral), mit denen der Sachverhalt beleuchtet wird und in dessen Licht er dann zeigt, ob er als gut oder schlecht zu beurteilen ist. Oder es sind Fakten der Realität, die mit dem Sachverhalt in Verbindung gebracht werden und so seinen Zusammenhang rekonstruieren. Der erste Fall, der auch im Beispieltext vorliegt, heißt Bewertung, der zweite Erklärung.

Damit ergibt sich als Charakteristik des Kommentars: Der Kommentar nimmt zu einem Sachverhalt kritisch Stellung. Dazu konfrontiert er den Sachverhalt mit neuen Fakten; mit den Normen von Recht und Moral bewertet er ihn, mit anderen Fakten der Realität erklärt er ihn.

Fazit: In Abgrenzung von Reportage und Kommentar ist damit der Texttyp Nachricht zu definieren: Die Nachricht ist die sprachlich-begriffliche Abbildung eines Sachverhalts aus objektivem Blickwinkel, die auf das Skelett der harten Daten und Fakten reduziert ist, also weitgehend von den subjektiven Faktoren der Stimmung und Emotion wie von argumentativer Wertung und Erklärung freigehalten ist.

Damit ist auch die Form näher bestimmt, der sich eine Botschaft unterwerfen muss, will sie den Zugang zu den Medien finden; es bleibt die Frage nach den Inhalten.

3. Der Inhalt der Nachricht

Welche Anforderungen sind also vom Inhalt her an eine Botschaft zu stellen, damit sie vom Mediensystem aufgenommen werden kann? Mit anderen Worten: Welche Sachverhalte können überhaupt zu Nachrichten werden? Natürlich alles, was sich zwischen Himmel und Erde, Gott und der Welt abspielt, lautet der nahe liegende Gedanke. Wirklich alles?

Nein, es gibt ein Auswahlverfahren auch hinsichtlich der Inhalte, und folglich gibt es auch Kriterien, die die Auswahl bestimmen. Nur erscheinen diese Kriterien als so selbstverständlich, dass man sie, mehr oder weniger unbewusst, automatisch befolgt: Niemand wird den Medien etwas mitteilen wollen, was er schon vor ein paar Tagen in seiner Zeitung gelesen hat. Und niemand wird sich mit einer Meldung an die Öffentlichkeit wenden, die dem Publikum nichts bedeutet oder ihm gleichgültig ist. Neu und entweder wichtig oder interessant muss also eine Botschaft sein, damit die Medien sie aufnehmen und weitergeben.

Dabei ist „neu" alles, was in den letzten Tagen (aus der Sicht eines Zeitungsredakteurs: am gestrigen Tag) passiert ist oder was zwar länger zurückliegt, aber noch nicht in einem Medium erschienen ist. Als „wichtig" gilt, was dem Leser hilft, sowohl sein Privatleben zu meistern als auch sich als Staatsbürger zu orientieren. Das reicht von der Information über die Sperrung der Dorfstraße und der Warnung vor Salmonellen im Sommer bis zur Dokumentation der Rentenreformpläne der Bundesregierung und dem Durchbruch bei der Schizophrenie-Forschung. Dagegen ist „interessant", was zwar nicht wichtig, was aber auch auf offene, sensationslüsterne Ohren trifft: der Flugzeugabsturz vor der Küste von Korea, der Seitensprung eines Hohenzollernprinzen, neue Erkenntnisse über die Eigenschaften der schwarzen Löcher im Weltall.

Dieses Raster (neu-wichtig-interessant), so selbstverständlich es erscheint, verliert auf den zweiten Blick seine Harmlosigkeit; es zeigt nämlich etwas, was sich der Nicht-Journalist nur schwer vorstellen kann, den spezifisch journalistischen Zugriff auf die Dinge, von denen er berichtet. Nehmen wir ein Beispiel:

Feierliche Promotion der diesjährigen Doktoranden der Universität Dortmund: In seiner Festrede lobt der Rektor die Leistungen der jungen Wissenschaftler und trägt dann mit Inbrunst sein Herzensanliegen vor. In einer Zeit, in der die Vermarktung der Wissenschaft mehr gelte als ihre Qualität, möchten sie sich doch wieder verstärkt an alten akademischen Tugenden orientieren. Und dann, in Begeisterung geraten, baut er eine kurze Passage ein, in der er seinen persönlichen Einsatz gegen das Projekt „Marketing für Wissenschaftler" erwähnt. Er habe, sagt er, von Anfang an dem Projekt skeptisch gegenübergestanden und freue sich, dass sein jüngster Brief jetzt offenbar ein Umdenken beim zuständigen Minister ausgelöst habe.

Am nächsten Morgen schlägt der Rektor die Tageszeitung auf und liest verblüfft den Vorspann des Berichts: „Bringt der Rektor der Universität das Projekt ‚Marketing für Wissenschaftler' zu Fall? Wie Professor Weidenmann in seiner Festrede …" Kein Wort über das Lob, mit dem er die jungen Doktoranden überschüttet hat, kein Wort über sein Anliegen, das er doch mit Herzblut und starken Argumenten vorgetragen hat. Ohne Rücksicht auf die Intention der Rede und die Gewichtung ihrer Teile hat der Journalist einen einzigen und, wie ihm scheint, völlig nebensächlichen Aspekt aufgeblasen.

In Wirklichkeit hat der Redakteur nichts anderes getan als sein Selektionsraster „neu – wichtig – interessant" spielen zu lassen. Was ist denn „neu" daran, wenn ein Rektor in seiner alljährlichen Festrede die frisch

Promovierten lobt? Und was ist daran „wichtig", dass er in widrigen Zeiten die alten akademischen Tugenden preist? „Neu" aber und „wichtig" insbesondere für die interessierten Wissenschaftler ist die Mitteilung, dass das Marketing-Projekt eventuell vor dem Aus steht. Wie ein Rasiermesser hat das Selektionsraster die Hauptmasse der Rede weggeschnitten und nur einen einzigen Aspekt übrig gelassen, der dann den Kern des Sachverhalts und damit den Dreh- und Angelpunkt der Nachricht bildet.

Fazit: Hinter dem einfachen Beurteilungsschema „neu – wichtig – interessant" verbirgt sich ein scharfes journalistisches Instrument: das Prinzip radikaler Selektivität. Es achtet weder die innere Struktur des Sachverhalts (die Proportion und Gewichtung seiner Elemente) noch seinen Kontext (seine Entstehungsgeschichte und seinen kausalen oder funktionalen Stellenwert). Radikal zieht es das Neue und Wichtige/Interessante heraus und macht es zum Zentrum der Darstellung.

Ein Fall sollte noch erwähnt werden: Wenn der Filter neu-wichtig-interessant etwas stoppt, was weder neu noch wichtig/interessant ist, wundert sich niemand. Wenn er aber, was er muss, einen wichtigen Sachverhalt nicht zum Zuge kommen lässt, nur weil er gerade nicht aktuell ist, schüttelt manch einer den Kopf. Stellen wir uns wiederum ein Beispiel vor: Eine Gruppe von Wissenschaftlern arbeitet seit zwei Jahren an einem wichtigen Forschungsvorhaben, das bahnbrechende Ergebnisse verspricht. Über den Start des Projekts hat die Presse ausführlich berichtet.

Auch wenn es dem Projektleiter unter den Nägeln brennt, die Bedeutung des Vorhabens wieder einmal der Öffentlichkeit in Erinnerung zu rufen – er wird kein Wort in der Zeitung unterbringen, wenn es ihm nicht gelingt, etwas Neues ausfindig zu machen. Dies können zum Beispiel ein achtbares Zwischenergebnis, der Besuch und die aufmunternden Worte eines Nobelpreisträgers sein oder der spektakuläre Abbruch der Arbeit durch ein Mitglied der Gruppe. Dieses Neue würde als so genannter „Aufhänger" fungieren, als das Vehikel, an dem die Darstellung des Projekts „aufgehängt" wird. Der Aufhänger selbst ist möglicherweise nicht übermäßig wichtig, als Dreh- und Angelpunkt der Nachricht aber unverzichtbar.

4. Der Aufbau der Nachricht

Das Prinzip radikaler Selektivität, das Neue und Wichtige/Interessante herauszuziehen, hat strukturelle Konsequenzen, Konsequenzen also für den Aufbau der Nachricht. Sehen wir uns an, wie die Meldung über die Festrede des Rektors weitergeht:

> Bringt der Rektor der Universität das Projekt „Marketing für Wissenschaftler" zu Fall? Wie Professor Weidenmann in seiner Festrede zur feierlichen Promotion der diesjährigen Doktoranden mitteilte, hat sein jüngster Brief an die Ministerin für Schule, Wissenschaft und Forschung möglicherweise ein Umdenken ausgelöst.
>
> Das Projekt „Marketing für Wissenschaftler" ist Anfang des Jahres von der Pressestelle der Universität entwickelt worden. Es will interessierte Hochschullehrer in den Stand versetzen, die Ergebnisse ihrer Forschung aus eigener Kraft zu vermarkten. Von Mitte des Jahres datiert der Förderantrag beim zuständigen Ministerium in Düsseldorf.
>
> Die Pressesprecherin der Universität lehnte eine Stellungnahme zu den Äußerungen des Rektors ab. Der Sprecher der Assistenten dagegen kritisierte den Brief des Rektors als „eigenmächtiges Verhalten", das die Interessen insbesondere der jüngeren Wissenschaftler missachte.

Die Meldung enthält im ersten Absatz den Kern des Sachverhalts, die Mitteilung des Rektors über einen gegen das Marketing-Projekt gerichteten Brief und seine Wirkung; der zweite Absatz beschreibt Ziel und Vorgeschichte des Projekts, der dritte gibt Reaktionen von involvierten Personen wieder. Warum dieser Aufbau?

Die Frage besteht genau genommen aus der vorgelagerten Frage nach der Struktur und der nachfolgenden nach dem Aufbau der Nachricht. Konkret: Warum ist denn, im Anschluss an die Aktion des Rektors gegen das Marketing-Projekt, überhaupt von dessen Vorgeschichte und von den Reaktionen der Betroffenen die Rede? Und warum werden diese drei Sinneinheiten dann in dieser Reihenfolge behandelt?

Die Struktur ergibt sich logisch aus der Tatsache, dass das Rasiermesser „neu – wichtig – interessant" den Querschuss des Rektors als Dreh- und Angelpunkt übrig gelassen hat. Logisch insofern, als ja verständnisnotwendig zwei Fragen auftauchen, wenn von einer Aktion gegen ein Projekt berichtet wird: eine nach dem Projekt und eine nach der Aktion. Die Frage nach dem Projekt fordert weitere Details zu Inhalt, Ziel und eventuell zur Entstehungsgeschichte. Die Frage nach der Aktion will Einzelheiten zum Hintergrund: zu Ursachen, Zielen und Kräfteverhältnissen sowie zu den Konsequenzen: den Reaktionen betroffener oder beteiligter Personen.

Die Reihenfolge der drei Sinneinheiten resultiert erstens aus einer praktischen Überlegung bei der Zeitungsproduktion. Einkommende Nachrichten sind in der Regel zu lang. Damit man ohne großen Informationsverlust von hinten kürzen kann, muss der gesamte Text nach abnehmender Bedeutung aufgebaut sein: Am Anfang steht der Kern der Nachricht, dann folgen die Einzelheiten, nach und nach an Bedeutung verlierend. So reichern Schritt für Schritt immer unwichtigere Details den auf das Wesentliche reduzierten, abstrakten Nachrichtenkern an und bilden zusammen die Nachricht.

Die Reihenfolge ist zweitens ein Service der Zeitungsmacher gegenüber dem Leser, sie übermittelt nämlich neben der Information ein Schema rationeller Informationsaufnahme: Jeder Leser muss heute aus einer unübersehbaren Flut von Neuigkeiten auswählen, das heißt in der Regel: einen Text anlesen, um genau dann abzubrechen, wenn er das für ihn Wichtige aufgenommen hat. Das setzt aber voraus, dass zu diesem Zeitpunkt nur noch Unwichtigeres folgt und dass er sich dessen sicher sein kann.

Aus dem Prinzip radikaler Selektivität der Nachricht folgt also ein weiteres: das Prinzip des eigenlogischen und durch abnehmende Bedeutung bestimmten Aufbaus. Eigenlogik und abnehmende Bedeutung schließen insbesondere den Grundsatz aus, der üblicher- und natürlicherweise Ereignisse strukturiert, die Chronologie. Sie erzeugen auf diese Weise ein Gebilde von eigener Logik und – als unvermeidliche Kehrseite – großer Künstlichkeit.

Damit zeichnet sich ein Großschema ab, das im Grundsatz für jede Nachricht gilt und von Fall zu Fall angepasst wird:

1. Kern der Nachricht:
   das neue und wichtige/interessante Faktum

2. Wenn nötig, der Blick zurück:
   Vorgeschichte, Hintergrund des Faktums

3. Wenn möglich, der Blick nach vorne:
   Auswirkungen, Konsequenzen, Reaktionen

Was jetzt noch fehlt, ist ein genauer Blick auf den Aufbau von Teil I, den Aufbau des Nachrichtenkerns. Und hier vor allem auf die ersten Sätze, die nach dem Grundsatz abnehmender Wichtigkeit die Hauptlast der Information tragen. Ihre Aufgabe ist es, Antwort zu geben auf die so genannten W-Fragen: das *Wer, Was, Wann, Wo, Wie* und *Woher* eines Ereignisses.

An absolut erster Stelle stehen die Fragen nach dem *Wer* und dem *Was*; in den ersten Satz, den so genannten Lead-Satz, gehören demnach die Handlung und ihr Subjekt oder Objekt. Es folgen die Fragen nach *Wann, Wo* und *Woher*, nach Zeit, Ort und Quelle der Nachricht. Unter Quelle versteht man den Augenzeugen der Nachricht oder den Informanten; die Quelle ist immer anzugeben, wenn Autor und Augenzeuge bzw. Informant nicht identisch sind. Die Frage *Wie* ergibt schließlich weitere wichtige Einzelheiten und leitet über zum Teil II, der eventuell notwendigen Vorgeschichte des Ereignisses.

Eine Bemerkung noch zum Lead-Satz: Mit der Antwort auf die Fragen *Wer* und *Was* „führt" er die Nachricht an; er bildet optisch die Speerspitze, inhaltlich den härtesten Kern der Nachricht. Der Lead-Satz springt also völlig unvermittelt den Leser an, er fällt förmlich mit der Tür ins Haus. Das muss nach allem, was gesagt worden ist, auch so sein, erregt aber immer wieder Unbehagen; es gibt offenbar ein tief sitzendes Bedürfnis, den Kerngedanken eines Textes einzuleiten, vorzubereiten, auf irgendeine Weise schrittweise anzusteuern.

5. Die Pressemitteilung aus der Wissenschaft

Wir wissen jetzt, wie eine Nachricht funktioniert: Wir wissen, wie sie sich als Typ von Reportage und Kommentar unterscheidet, welche Anforderungen an ihren Inhalt zu stellen sind und wie sie im Einzelnen aufzubauen ist. Damit kennen und verstehen wir den Code, in den sich eine Botschaft kleiden muss, um den Zugang zu den Medien zu finden. Jede Pressemitteilung muss sich dieses Codes, der Nachrichtenform, bedienen, wenn sie erfolgreich sein will.

Ist damit alles gesagt, was zur Pressemitteilung zu sagen ist? Oder lässt sich die Nachrichtenform speziell für die Pressemitteilung wissenschaftlicher Natur weiter präzisieren? Tatsächlich lohnt es sich, unter diesem Gesichtspunkt noch einmal einen Blick auf die Selektionskriterien „neu – wichtig – interessant" zu werfen. Das Kriterium „neu" bleibt unverändert, wenn man es auf wissenschaftliche Sachverhalte anwendet. Was aber an Wissenschaft „wichtig" oder „interessant" ist und von welchem Blickwinkel aus hier „wichtig" oder „interessant" definiert werden sollte, lässt sich genauer fassen.

Wie jedes gesellschaftliche System, sei es Wirtschaft, Politik, Recht oder Religion, seine Gegenstände aus seiner Interessenlage heraus beurteilt, so definiert Wissenschaft als Problem, was ihre interne Systematik als Problem erzeugt. Das Gewicht eines wissenschaftlichen Problems hängt also erheblich von innerwissenschaftlichen Bedingungen ab. Mit dieser Sicht kann die Gesellschaft sich natürlich nicht anfreunden; sie definiert als Problem, was ihr im praktischen Leben unter den Nägeln brennt. Konsequenz: Wer von der Wissenschaft aus seine Botschaft in die Massenmedien bringen will, muss seine Perspektive wechseln. Was er mitzuteilen hat, ist in der Regel nur dann „wichtig" oder „interessant", wenn es auf ein gesellschaftlich-praktisches Problem oder Bedürfnis antwortet, und zwar entweder als faktische oder als potenzielle Lösung. Im ersten Fall sind wissenschaftliche Ergebnisse das Objekt des Interesses, im zweiten Fall Projekte und Vorhaben, die wissenschaftliche Ergebnisse versprechen.

Wie eine Pressemitteilung diese Gesichtspunkte in das Nachrichtenschema aufnimmt, zeigt das folgende Beispiel (Prof. Andreas Neyer, Universität Dortmund, gekürzt und vereinfacht):

> Auf die Größe einer Scheckkarte haben Forscher der Universität Dortmund und eines kooperierenden Instituts ein komplettes chemisches Labor verkleinert. Ein solches Mini-Labor kann chemische Verunreinigungen in Lebensmitteln, Medikamenten und Umweltflüssigkeiten kostengünstig und mit hoher Empfindlichkeit nachweisen.
>
> Die Chips, die vom Arbeitsgebiet Mikostrukturtechnik der Universität Dortmund und dem Institut für Spektrochemie und angewandte Spektroskopie (ISAS) Dortmund entwickelt wurden, bestehen aus einer Kunststoff-Grundplatte mit feinen Kanälen. Die zu analysierenden Flüssigkeiten werden in die Kanäle eingefüllt und eine elektrische Spannung angelegt. Dann messen Elektroden die Leitfähigkeit der Flüssigkeit, die wiederum Rückschlüsse auf die Reinheit zulässt.
>
> Geräte mit ähnlichen Leistungen kosten bislang einige zehntausend Mark; die Kosten für die Mini-Chips werden bei großen Stückzahlen nur wenige Mark betragen. Inzwischen hat die Firma Merck in Darmstadt die Produkteinführung beschlossen. Merk und die Dortmunder Forscher arbeiten zu diesem Zweck eng zusammen. Zur Zeit werden auch Verhandlungen geführt, die Produktion im Dortmunder Technologiepark anzusiedeln.

Die Pressemitteilung enthält im ersten Absatz den Kern der Nachricht, die Information über das neuentwickelte Mini-Labor und seine Leistung für die Gesellschaft. Der zweite Absatz stellt dar, wie das Gerät konstruiert ist und wie es funktioniert. Der dritte zeigt die Kostenersparnis auf, die durch die Entwicklung möglich wird, und verweist auf die sich anbahnende praktische Verwertung.

Konsequent wird hier das Prinzip radikaler Selektivität verwirklicht: Unvermittelt, ohne Rücksicht auf Entstehungsgeschichte und -kontext steht am Anfang das wissenschaftliche Ergebnis, die Entwicklung des miniaturisierten Labors durch Dortmunder Wissenschaftler und seine Leistung. Diese Information bildet den Kern der Nachricht; mit ihr springt die Nachricht den Leser an.

Anschließend kommt das Prinzip des eigenlogischen und durch abnehmende Bedeutung bestimmten Aufbaus zum Zuge: Der Kern der Nachricht gibt vom Anfang her die Struktur vor, denn auf die Neuentwicklung müssen notwendig die Fragen folgen, wie diese denn im Detail funktioniert und welche Konsequenzen sie auf das politisch-ökonomische Umfeld hat. Auf die erste, für das Verständnis wichtige und damit primäre Frage antwortet der zweite Absatz, auf die zweite, schon weniger wichtige Frage der dritte Absatz.

Damit zeigt sich wiederum ein Großschema, diesmal das Nachrichtenschema, wie es speziell auf Pressemitteilungen aus der Wissenschaft zugeschnitten ist. Auch dieses Schema gilt im Grundsatz für alle Pressemitteilungen, die aus der Wissenschaft kommen, und muss von Fall zu Fall modifiziert werden:

1. Kern der Nachricht, neues und wichtiges Ergebnis/Projekt:
   Benennung, Leistung (aus der Sicht der Gesellschaft)

2. Der Blick ins Innere:
   Konstruktion, Funktion, Verfahren

3. Der Blick nach hinten und nach vorne:
   Kosten/Kostenersparnis, Realisation und Organisation, politisch-ökonomische Auswirkungen, Konkurrenz

6. Die Sprache der Pressemitteilung

Die journalistische Sprache ist keine Fachsprache wie die Sprachen der verschiedenen Wissenschaften, die spezielle Gegenstände und Methoden haben und darauf ausgerichtete Terminologien benutzen. Sie ist auch keine Spezialsprache, wie zum Beispiel die der Literatur, in der es um fiktionale Gegenstände und den Selbstzweck der sprachlichen Form geht. Die journalistische Sprache, insbesondere die Sprache der Nachricht, ist die Umgangssprache – die von allen benutzte und allen zugängliche, alle Gegenstände der Welt erfassende Gebrauchssprache. Ihr Lebensprinzip ist richtige und schnörkellos formulierte Information.

6.1 Die Wörter: einfach

Damit Wörter möglichst vielen verständlich sind, sollten sie einfach und gewöhnlich sein. „Man brauche gewöhnliche Worte und sage ungewöhnliche Dinge", bringt Arthur Schopenhauer gegen einen Stil vor, der durch Gewähltheit imponieren will. Also kein Bombast: Warum spricht der Bürgermeister von „Zielsetzung", wenn er „Ziele" und der Hausbesitzer von

„Baumbestand", wenn er „Bäume" meint? Warum nennt die Tagesschau das „Wetter" in Süddeutschland die dortigen „Witterungsverhältnisse" und der Gefängnispsychologe das „Motiv" des Täters seine „Motivationsstruktur"? Keine Luftblasen aus der Werbung: Ist „Vision" das zutreffende Wort, wenn es um die Absicht des Bundesfinanzministers geht, die Staatsverschuldung zu verringern? Und sollte man von „Philosophie" sprechen, wenn man die pfiffige Idee einer Bank meint, die Geldgeschäfte per Homebanking den Kunden aufzubürden? Und keine effektheischenden Manierismen: Muss der Kommentator der Nachrichten ein „mitnichten" donnern, wenn er einfach „nein" sagen könnte? Ist „stracks" nicht immer peinlich, auch im Wortspiel: „Struck machte stracks kehrt"?

Die Bausteine journalistischen Sprechens und Schreibens sind Substantive und Verben. Wenn sie den Stil bestimmen, stehen die Sätze schlank und fest da. Vorsicht dagegen bei Adjektiven! Sie sind überflüssig, wenn sie das Hauptwort nur verstärken oder sogar verdoppeln; dann dicken sie die Sprache an, polstern sie auf: Also keine „dunklen" Ahnungen, „schweren" Verwüstungen, „falsche" Sentimentalität – als ob es „helle" Ahnungen, „leichte" Verwüstungen und „echte" Sentimentalität gäbe. Adjektive nur dann einsetzen, wenn sie unterscheiden, aussondern, differenzieren wie „rotes" Auto, „trüber" Tag, „heller, spitzer" Ton.

6.2 Die Sätze: durchsichtig

Sätze sind verständlich, wenn sie klar und durchsichtig sind. Der Grundsatz dafür lautet: Sprache und Sachverhalt müssen übereinstimmen, die Sprache muss die Struktur, die Logik der Sache spiegeln. Ein Beispiel: „In diesem Buch geht es um eine Bestandsaufnahme der geistigen Situation am Ende des 20. Jahrhunderts." Der Satz ist korrekt, aber irgendetwas stimmt nicht. Was?

Das grammatische Zentrum, das – handelnde oder leidende – Subjekt des Satzes, ist hier „Bestandsaufnahme"; das Objekt der Handlung die „Situation", und zwar die „geistige". Der „Geist" aber ist das, von dem hier entscheidend die Rede ist, das logische Zentrum; und dieses logische Zentrum erscheint nicht als Subjekt, sondern erst in zweifacher Unterordnung, nämlich als abhängig zunächst von „Situation" und dann noch von „Bestandsaufnahme". Wenn man den Fehler korrigiert, indem man das grammatische und das logische Zentrum in Übereinstimmung bringt, wird der Satz klar und durchsichtig: „In diesem Buch geht es um die Frage: Wo steht der Geist am Ende des 20. Jahrhunderts?"

Wie lässt sich erreichen, dass die Sprache die Logik der Sache spiegelt? Eine erste Antwort: Substantivkonstruktionen mit einem oder mehreren Genitiven, oft dirigiert von schwachen oder passiven Verben, drängen meistens das logische Zentrum ab und machen den Satz klobig und schwer verständlich. Stattdessen sollte man den Satz mit einem kraftvollen Verb konstruieren; das Verb sollte im Aktiv stehen, es sei denn, es erleidet tatsächlich jemand etwas.

Eine weitere Folgerung: Die Hauptsache gehört in den Hauptsatz, die Differenzierungen kommen in die Nebensätze. So spiegeln sich im Satzgefüge die Abstufungen des Sachverhalts. Also nicht: „Glück im Unglück hatte ein Radfahrer, der mit hohem Tempo von der Straße abkam und in einem Heuhaufen landete." Sondern: „Glück im Unglück: Mit hohem Tempo kam ein Radfahrer von der Straße ab und landete in einem Heuhaufen." Gegen die Regel verstößt der Dichter, um Komik zu erzeugen, so Wilhelm Busch: „Sauerbrot, der fröhlich lacht, hat sich einen Punsch gemacht."

Eine letzte Konsequenz: Gedanken, die logisch oder zeitlich aufeinander folgen, dürfen nicht ineinander geschachtelt, sondern müssen wie Perlen auf einer Kette aufgereiht werden. „Sagt, was ihr zu sagen habt", heißt es bei Schopenhauer, „eins nach dem andern, nicht aber sechs Sachen auf einmal und durcheinander!" Also nicht: „Wenn wir, was wir hoffen, den Prozess gewinnen, sind wir – und das wird die Öffentlichkeit zur Kenntnis nehmen müssen – vollständig rehabilitiert." Sondern: „Wir hoffen, den Prozess zu gewinnen. Dann sind wir vollständig rehabilitiert, und die Öffentlichkeit wird das zur Kenntnis nehmen müssen."

6.3 Abstraktion und Konkretion

Abstraktion nennt sich der Vorgang, konkrete Einzeldinge („Hund", „Katze") zu einer Klasse („Tier") zusammenzufassen. Der Name der Klasse, der Begriff, ist vom Umfang weiter, aber informationsärmer als das Einzelding. Je weiter die Abstraktion getrieben wird, zum Beispiel zu „Lebewesen", desto mehr nimmt der Umfang zu und die Information ab, desto blasser und unanschaulicher wird der Begriff.

Die Schlussfolgerungen: So konkret wie möglich sprechen – „Regen im Norden, Schnee im Süden". Den abstrakten Begriff nur dann verwenden, wenn die eigene Information nicht ausreicht oder die Genauigkeit überflüssig wäre: „Niederschläge überall". Niemals das abstrakte und das konkrete Wort nebeneinander stellen: „Niederschläge als Regen im Norden, als Schnee im Süden" oder „Prozess der Entscheidungsfindung", „Fixierung des Diskussionsstandes". Und eine Menge von Abstrakta erst gar nicht in den Mund nehmen: „Maßnahme", „Bereich", „Ebene", „Befindlichkeit", „durchführen", „erfolgen" sind immer durch ein Konkretum zu ersetzen.

6.4   Information vor Präzision

Die Wissenschaften benutzen Fachbegriffe, die relativ präzise sind und facettenreiche Sachverhalte abkürzen. Diese Fachbegriffe darf man nicht unverändert in einen journalistischen Text übernehmen, weil dann die Information den Leser nicht erreicht; dasselbe gilt, wenn man sie präzise, aber umständlich in der Umgangssprache definiert. Die journalistische Sprache gibt sich daher mit einer umgangssprachlichen Annäherung zufrieden, nimmt eine reduzierte Genauigkeit in Kauf, wenn damit die Information ankommt. Reicht zum Beispiel nicht „Mehrdeutigkeit" oder „Zwiespältigkeit" fast immer aus, um „Ambiguität" zu ersetzen?

Mit derselben Einstellung verwendet die journalistische Sprache Bilder, Vergleiche und Beispiele. Sie sind ungenauer als die exakten Daten, für die sie stehen, prägen sich aber dem Leser durch Anschaulichkeit ein. Wie viel sinnlicher und fassbarer ist zum Beispiel der Vergleich: „auf die Größe einer Scheckkarte" als die genauen Angaben: „auf die Größe von 8,5 mal 5,5 mal 0,1 Zentimeter"! Vorsicht aber bei der Verwendung von Bildern. So ist der anschauliche „Griff in die Tasche des Rentners" wohl noch erträglich, völlig abgegriffen ist aber inzwischen die Floskel, dass zwischen zwei Personen „die Chemie stimmt".

6.5   Der Text: dicht und lebendig

Der Grundsatz, die Sprache muss die Struktur, die Logik der Sache spiegeln, ergibt einen klaren und durchsichtigen Satz (Punkt 6.2); er schafft aber auch einen lebendigen, atmenden Text. In beiden Fällen soll sich die Sprache dem Gedanken anschmiegen; im Satz soll sie dem logischen Subjekt die Vorrangstellung des grammatischen Subjekts geben, im ganzen Text soll sie die Entwicklung des Gedankens nachzeichnen und nicht einem starren grammatischen Korsett unterwerfen. Um einen lebendigen, rhythmischen Text zu schreiben, gibt es viele Mittel, hier einige wichtige:

Wortumstellungen: Wenn man – entgegen dem Subjekt-Prädikat-Objekt-Schema – entweder das Objekt oder das Verb oder eine adverbiale Bestimmung an den Satzanfang zieht, kann die Logik des Gedankens klar hervortreten und der Übergang zwischen den Sätzen sich organisch ergeben. Statt: „Der Rektor will das Marketing-Projekt zu Fall bringen. Er will aber die Initiative der Studenten unterstützen" schreibt man also: „Der Rektor will das Marketing-Projekt zu Fall bringen. Unterstützen will er (dagegen) die Initiative der Studenten."

Unterschiedliche Satzlänge, unvollständige Sätze: Die Variation der Satzlänge bis hin zur Verkürzung auf einzelne Worte (Ellipse) ist ein gutes Mittel, Texte zu rhythmisieren. So lässt sich eine gleichmäßig fließende Passage scharf mit einem unvollständigen Satz abbrechen, wobei der Kontrast des Rhythmus das Ende besonders markiert: „Die Folge: Jeder fünfte Bürger Ostdeutschlands wählt die PDS."

Frage und Antwort, Einwände: Indem man Fragen stellt und beantwortet, Einwände macht und ihnen begegnet, als ob man einen Dialog führt, lässt sich die Linie des Gedankens weitertreiben und geradezu sichtbar machen; was ist Denken schließlich anderes als Fragen und Antworten, Einwände erheben und widerlegen? Beispiel: „Wohin treibt die Mediengesellschaft, fragt das Symposion der Gesellschaft für Neue Medien in Davos. Und antwortet mit großer Mehrheit: in die Isolation durch Information."

Lebendig schreiben heißt aber nicht, luftig schreiben, schwätzen, schwadronieren. Der ideale Text ist dicht und lebendig zugleich.

Literatur

Zur Konzeption und Konstruktion der Pressemitteilung gibt es keine vertiefende Literatur. Über die Sprache des Journalismus dagegen ist viel geschrieben worden; empfehlenswert sind folgende Bücher, insofern sie mehr ins Detail gehen und weitere Beispiele anführen:

- **Wolf Schneider:** *Deutsch für Profis* – München: Goldmann Verlag 1999, 268 Seiten

  Der klassische Ansatz der Sprachkritik, der mit Verstand und Herz auf reflektierten Sprachgebrauch drängt: knapp, pointiert und mit amüsantem Oberlehrerton.

- **Karola Ahlke/Jutta Hinkel:** *Sprache und Stil* – Konstanz: UVK Medien 2000, 172 Seiten

  Der moderne Ansatz der Sprachbetrachtung, der nüchtern die Funktion der Sprache als Übermittlungsmedium ins Zentrum stellt: klar, übersichtlich, praxisnah (durchgängig gegliedert in: Thema, Beispiel, Einschätzung, Vorschlag/Checkliste).

- **Ludwig Reiners:** *Stilkunst* – München: Beck'sche Verlagsbuchhandlung 1991, 542 Seiten

  Der Klassiker der Sprachlehre, der weniger Arbeitsbuch als vielmehr erfahrungsgesättigte Anleitung zur Reflexion ist: unerbittlich gegen die Phrase, sich leidenschaftlich einsetzend für gedankliche Schärfe und plastische Durchbildung nach dem Wort Lessings: „Die größte Deutlichkeit war mir immer auch die größte Schönheit".

Gesprächsführung – statt reden, wie der Schnabel gewachsen ist

Hartwig Fuhrmann

Der Diplom-Psychologe ist freiberuflicher Trainer und Moderator in Dortmund und Mitinhaber des Unternehmens t-velopment; außerdem ist er als Dozent an Hochschulen und Weiterbildungseinrichtungen tätig. Seine Schwerpunkte sind Produktivitätssteuerungen in Arbeitsgruppen und Seminartätigkeiten zu den Themen Kommunikation, Konfliktlösung und Teamfähigkeit.

> „Ich verstehe nicht, was Sie mit ‚Glocke' meinen", sagte Alice.
>
> Goggenmoggel lächelte verächtlich. „Wie solltest Du auch – ich muß es Dir doch zuerst sagen. Ich meinte: ‚Wenn das kein einmalig schlagender Beweis ist!'"
>
> „Aber ‚Glocke' heißt doch gar nicht ‚einmalig schlagender Beweis'", wandte Alice ein.
>
> „Wenn ich ein Wort gebrauche", sagte Goggenmoggel in recht hochmütigem Ton, „dann heißt es genau, was ich für richtig halte – nicht mehr und nicht weniger."
>
> „Es fragt sich nur", sagte Alice, „ob man Wörter einfach etwas anderes heißen lassen kann."
>
> „Es fragt sich nur", sagte Goggenmoggel, „wer der Stärkere ist, weiter nichts."
>
> [Lewis Carroll, *Alice im Wunderland*]

1. Sprache – Was ist das? Vom Wesen der Sprache

Was Sprache ist, wissen wir alle. Schließlich verwenden wir sie Tag für Tag, sprechen mit einer Vielzahl von Menschen und schreiben oder lesen sprachliche Mitteilungen auf Papier und Bildschirm. Wir sind gut trainiert. Was soll also die Frage?

Ein Blick auf das Wesen der Sprache soll die Augen öffnen und empfänglich machen für Einsichten, die für einen bewussteren Umgang mit der eigenen Gesprächsführung wichtig sind. Wenn man das Wesen der Sprache verstehen will, ist es sinnvoll, sich den Beginn des Spracherwerbs anzuschauen, und der liegt bei jedem von uns in der frühen Kindheit. Wie lernen Kinder die Sprache?

Die Sprachpsychologen haben eine überraschende Antwort gefunden: Kinder müssen erst erkennen, was ein Sprecher meint bzw. vermitteln will, und dies müssen sie auf nichtsprachlichem Wege herausfinden (sie sind der Sprache ja noch nicht mächtig). Erst danach können sie eine Beziehung zwischen dem Gemeinten und der sprachlichen Äußerung erkennen und etwas darüber lernen, was bestimmte Äußerungen bedeuten. Es geht also nicht darum, die Bedeutung eines Worts zu erfassen und zu erkennen, wofür es steht (dies wird erst später wichtig), sondern um etwas sehr viel Umfassenderes: zu erkennen, was ein anderer Mensch mir vermitteln will, wozu er mich veranlassen will. *Am Anfang der Sprache steht die Absicht, einen anderen zu beeinflussen, indem ich ihm etwas vermittle*: Sprache ist ein Werkzeug, um mich mit meinen Absichten dem anderen deutlich zu machen. Dies wird auch in den ersten sprachlichen Äußerungen eines Kindes deutlich. „Mama", „Papa" oder welche Worte auch immer zuerst gebildet werden, geäußert werden sie nicht als Bezeichnung einer Person, sondern immer mit einer Absicht des Kindes verbunden, z.B. Aufmerksamkeit zu erregen oder diese Person zum Herkommen zu veranlassen.

Dies also, das Vermitteln von Absichten an andere Menschen, ist (verkürzt formuliert) das Wesen der Sprache. Diese Auffassung von Sprache hat Konsequenzen für den bewussten Umgang mit dem Sprechen, wenn wir uns dem Thema Gesprächsführung zuwenden. Zunächst einmal legt sie zwei grundlegende Dimensionen fest, die mit jeder sprachlichen Situation verbunden sind:

1. Sprache setze ich nur dann ein, wenn ich eine Absicht verfolge. Sprache ist in dem Sinne ein verlängerter Arm oder ein Werkzeug, als sie einen Weg zur Erreichung meiner Ziele darstellt.

2. Sprache setze ich nur ein, wenn ich mich einem (oder mehreren) anderen gegenüber verständlich machen und meine Absichten vermitteln will. Ich trete in eine Beziehung zu einem anderen Menschen, den ich brauche, um mir bei der Realisierung meiner Absicht zu helfen (und sei diese Absicht so etwas scheinbar Einfaches wie das Erreichen von Aufmerksamkeit oder das Betonen von etwas, das der andere nachvollziehen soll).

In den Empfehlungen zur Gesprächsführung spielen diese zwei Dimensionen eine sehr bedeutsame Rolle. Sie werden im folgenden Abschnitt genauer beleuchtet.

2. Ergebnis- und Beziehungsorientierung als Grundlagen jeder Gesprächssituation

Die beiden genannten Grunddimensionen sprachlicher Situationen lassen sich auf das Thema „Gesprächsführung" übertragen und zur Gesprächsführung konkret nutzen. Als Bezeichnung für diese Dimensionen ist ein Begriffspaar geeignet, das aus der Führungsforschung stammt: Ergebnis- und Beziehungsorientierung. Die Nähe des Themas (Mitarbeiter-)Führung zum Thema Gesprächsführung ist dabei nicht ganz zufällig, geht es doch bei der personalbezogenen Führung ganz explizit um die zielgerichtete Einflussnahme auf das Verhalten anderer Personen. Zentrale Aufgabe der Führung von Mitarbeitern ist es, Ziele der Organisation zu vermitteln und dafür zu sorgen, dass diese umgesetzt werden; diese Umsetzung kann aber nicht durch die eigene Person allein, sondern nur mit Unterstützung anderer Personen geschehen. Die beiden Aspekte der Absichtsvermittlung und der Hilfe bei der Absichtsrealisierung sind in dieser Aufgabe leicht wiederzufinden.

Abbildung 1 erläutert die beiden immer wieder gefundenen Grunddimensionen der Mitarbeiterführung, Ergebnis- und Beziehungsorientierung (in der Formulierung der so genannten Ohio-Führungsstudien von Fleishman und anderen; einen guten Überblick über diese Untersuchungen und Ergebnisse gibt Weinert, 1987). Sie spannen gemeinsam ein Koordinatensystem auf, in dem sich führungsbezogene Handlungen positionieren lassen. Was auch immer ich als Führungskraft tue, ist demnach charakterisiert durch das Ausmaß, in dem ich die vorgegebenen Ziele (mit Hilfe von Planung, Organisation etc.) zu erreichen versuche, sowie durch das Ausmaß, in dem ich die Bedürfnisse und Eigenschaften meines Mitarbeiters berücksichtige und darauf eingehe.

Consideration/Beziehungsorientierung: steht für Wärme, Vertrauen, Freundlichkeit, Achtung, Ermöglichung zweiseitiger Kommunikation und Mitsprache

➥ Rücksichtnahme und praktische Besorgtheit

Initiating Structure/Ergebnisorientierung: erstreckt sich auf aufgabenbezogene Organisation, Aktivierung und Kontrolle

➥ Planungsinitiative und strukturierende Aktivität

Diese Grunddimensionen können auf die allgemeine Situation der Gesprächsführung übertragen und dann wie folgt verstanden werden:

114

1. *Ergebnisorientierung*: Ich habe in diesem Gespräch eine Absicht, ich will etwas erreichen. Dies ist für mich der Anlass, das Gespräch zu suchen und zu führen. Im Gespräch sollte ich nun darauf achten, dass diese Absicht dem anderen deutlich wird und dass ich meinem Ziel nach Möglichkeit auch näher komme.

Dies kann man tun, indem man dem Gespräch eine deutliche Struktur gibt, in der genug Platz für die eigenen Ziele ist. Die eigenen Ziele sollten sehr klar vermittelt werden, es sollten nach dem Gespräch keine Missverständnisse oder Unklarheiten mehr vorhanden sein. Die im Gespräch erreichten Ergebnisse sollten festgehalten werden und es sollten geeignete Pläne zur Zielerreichung gemacht werden. Abschnitt 4 stellt wichtige Methoden und Techniken genauer dar, die man hierzu in Gesprächen einsetzen kann.

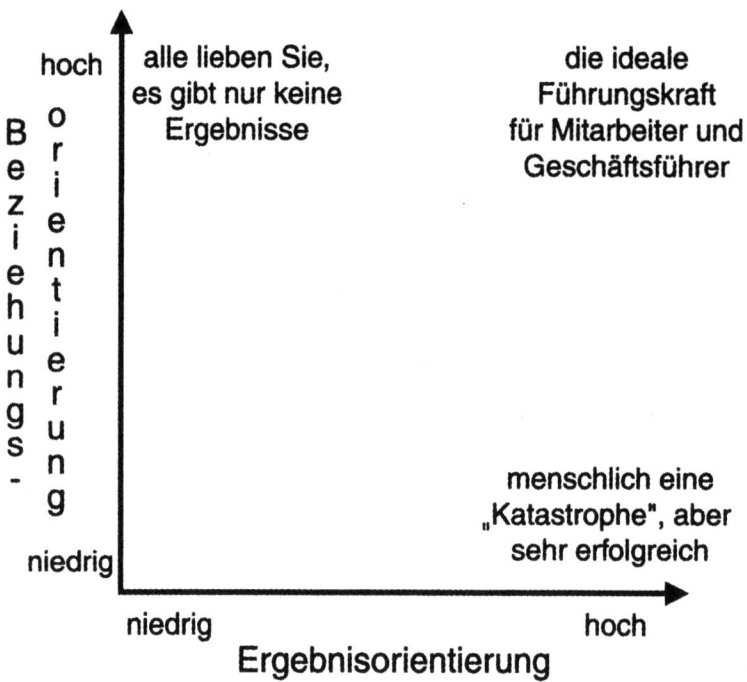

Abbildung 1: Ergebnis- und Beziehungsorientierung als Grunddimensionen der Führung

2. *Beziehungsorientierung*: Ich rede immer zu einer anderen Person und muss eine Verständigung herstellen, um im Gespräch erfolgreich zu sein. Wenn ich die Unterstützung des anderen für meine Absichten gewinnen will, muss ich allerdings noch mehr tun als nur verständlich zu sein: Ich muss auch erkennen, was die Bedürfnisse und Absichten des Gegenübers sind, um für beide Gesprächspartner annehmbare Lösun-

gen zu finden bzw. Ziele so festzulegen, dass sie von beiden geteilt werden können.

Diese Fähigkeit des Wahrnehmens und Eingehens auf die Absichten anderer benötigt eine Sensibilität für diejenigen Aspekte einer sprachlichen Mitteilung, die etwas über die Beziehung der beiden Personen aussagen. Oft sind dies Aspekte, die eher „gefühlsmäßig mitschwingen", als dass sie explizit genannt werden. Das Wahrnehmen und Eingehen auf diese Aspekte ist erfahrungsgemäß für viele Menschen zunächst ungewohnt. Offenbar sind wir in dieser Hinsicht nicht so gut „trainiert", wie das unser täglicher Gebrauch der Sprache zunächst vermuten ließe. Der nächste Abschnitt geht genauer auf diese Dimension ein sowie auf Möglichkeiten, die Beziehungsanteile einer Nachricht besser zu hören und auf sie einzugehen. Grundsätzlich sei an dieser Stelle noch angemerkt, dass viele Kommunikationsforscher genau zu diesem Thema wichtige Erkenntnisse gewonnen haben und deutlich gemacht haben, dass ein Gespräch ohne diese Beziehungsseite nicht vollständig verstanden werden kann. Auch wenn man sein Gesprächsverhalten in dieser Hinsicht nicht gut austrainiert haben mag, ändert das nichts an der fundamentalen Bedeutung dieser Dimension für die Sprache generell und für eine erfolgreiche Gesprächsführung im Besonderen.

3. Beziehungsorientlerung im Gespräch herstellen

Dass jede Mitteilung neben dem Inhaltsaspekt auch immer eine Aussage über die Beziehung zwischen den beteiligten Personen beinhaltet, hat besonders anschaulich Paul Watzlawick dargestellt. Ein Beispiel mit seinem Kommentar:

> Wenn Frau A. auf Frau B.s Halskette deutet und fragt: „Sind das echte Perlen?", so ist der Inhalt ihrer Frage ein Ersuchen um Information über ein Objekt. Gleichzeitig aber definiert sie damit auch – und kann es nicht *nicht* tun – ihre Beziehung zu Frau B. Die Art, wie sie fragt (der Ton ihrer Stimme, der Gesichtsausdruck, der Kontext usw.), wird entweder wohlwollende Freundlichkeit, Neid, Bewunderung oder irgendeine andere Einstellung zu Frau B. ausdrücken. [...] Für unsere Überlegungen wichtig ist die Tatsache, dass dieser Aspekt der Interaktion zwischen den beiden nichts mit der Echtheit von Perlen zu tun hat (oder überhaupt mit Perlen), sondern mit den gegenseitigen Definitionen ihrer Beziehung, mögen sie sich auch weiterhin über Perlen unterhalten.

> [Watzlawick, 1990, S. 54]

Aus diesen Gedanken von Watzlawick und aus dem Sprachmodell Büh-
lers (1934) hat der Hamburger Kommunikationspsychologe Schulz von
Thun sein Modell der „vier Seiten einer Nachricht" entwickelt (1981).
Dieses sehr anschaulich dargestellte Modell eignet sich gut dazu, Sprach-
mitteilungen daraufhin zu betrachten, welche Botschaften insbesondere auf
den Beziehungsseiten (hier gibt es mehrere, s. u.) enthalten sind. Damit ist
es gut verwendbar, wenn man seine Wahrnehmung von Beziehungsbotschaften trainieren und verbessern will.

Schulz von Thun unterscheidet insgesamt vier Aspekte, die in jeder
Mitteilung enthalten sind. Ebenfalls an einem Beispiel erläutert: Ein Ehe-
paar sitzt im Auto, der Mann fährt. Sie zu ihm: „Du, da vorne ist Grün."
Welche (möglichen) Botschaften sind in dieser Aussage enthalten?

1. *Sachebene.* Hier geht es um die inhaltliche Information, die übermittelt
   wird. Würden wir aufgefordert, eine Aussage zusammenzufassen, so
   bezögen wir uns meist auf diese Ebene. Im Beispiel: „Die Ampel ist
   grün."

2. *Ebene der Selbstoffenbarung.* Der Sender/Sprecher sagt etwas über
   seinen Zustand, seine Befindlichkeit oder Verfassung aus. Im Beispiel:
   „Ich hab es eilig!"

3. *Beziehungsebene.* Der Sprecher sagt etwas darüber aus, wie er die Beziehung zum Empfänger sieht. Begriffe wie Über- oder Unterlegenheit,
   Wert- oder Geringschätzung spielen oft eine wichtige Rolle, wenn man
   diese Beziehung beschreiben will. Im Beispiel: „Ich weiß besser als du,
   wie man fahren muss."

4. *Appellebene.* Der Sprecher fordert den Empfänger zu einer Handlung
   auf. „Handlung" ist hier ein weit gefasster Begriff; Schulz von Thun
   spricht im Zusammenhang mit der Appellseite allgemein davon, dass
   „ein Zustand hervorgebracht werden soll, der noch nicht ist" (1981, S.
   209). Die „Handlung" des Empfängers kann durchaus auch darin bestehen, Gedanken oder Einstellungen zu verändern. Im Beispiel: „Gib
   Gas!"

Wie das Beispiel zeigt, sind die genannten Botschaften auf den Bezie-
hungsebenen (b) bis (d) allesamt nicht explizit in den Worten enthalten.
Man muss diese Seiten also im Sinne des Senders bzw. im Sinne des Ge-
meinten interpretieren, wenn man das Gesagte „richtig" verstehen will.
Aus diesem Grunde gibt es in der Verständigung häufig Probleme und
Missverständnisse. Im Beispiel interpretiert der Fahrer die Aussage seiner
Frau wie oben beschrieben, ärgert sich über die empfundene Bevormun-
dung und reagiert mit „Fährst du oder fahre ich?" Wollte seine Frau aller-

dings nicht das vermitteln, was er interpretiert hat, sondern etwa ihrer Verwunderung darüber Ausdruck geben, dass die beiden heute offenbar eine „grüne Welle" erwischt haben, liegt er mit seiner Deutung schief. Seine Reaktion wird dann möglicherweise von der Frau als ungerechtfertigte Zurückweisung interpretiert werden, zumindest aber für sie unerwartet und überraschend sein (und ihr zeigen, dass sie offenbar missverstanden wurde). Zu dieser Gefahr von Missverständnissen trägt weiter bei, dass die Interpretation auf der Beziehungsebene zumeist nicht bewusst vollzogen wird (wie lange würde es dann dauern, bis wir eine passende Antwort formulieren könnten!). Im nachhinein ist es deshalb oft sehr schwer zu sagen, wo es in einem Gespräch ein Missverständnis gegeben haben könnte oder warum man sich schon wieder beim gemeinsamen Autofahren in die Haare geraten ist.

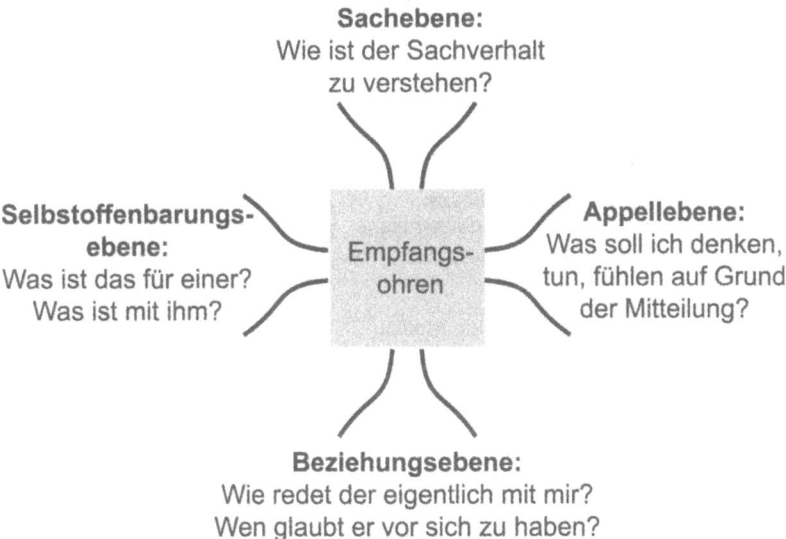

Abbildung 2: „Empfangsohren" und Leitfragen nach Schulz von Thun

Wenn man auf diesem (oder anderem) Wege etwas über die Bedeutung und Wahrnehmung von Beziehungsbotschaften gelernt hat, stellt sich die Frage, wie man die gewonnenen Erkenntnisse im Gespräch konkret umsetzen kann. Die Antwort darauf ist inhaltlich einfach, aber praktisch oft schwer umzusetzen: indem ich mir die mögliche Beziehungsbotschaft bewusst mache und auf sie eingehe.

Von Thomas Gordon (1995, 1998) wurde ein Modell zur Gesprächsführung entwickelt, das auf den Gedanken der einflussreichen „personenzentrierten Psychologie" von Carl Rogers (z. B. 1993) aufbaut. Dieses

Modell wird in Trainings und Lehrgängen vermittelt und hat sich in der Praxis erfolgreich bewährt. Es gibt darin zwei zentrale Methoden zum angemessenen Umgang mit der Beziehungsebene von Mitteilungen: das „aktive Zuhören", mit dem man auf die Mitteilungen des Gesprächspartners eingeht, und die „Ich- Aussage", mit der eigene Empfindungen in geeigneter Form formuliert werden. Abbildung 3 zeigt, in welchen Situationen diese Methoden jeweils angemessen sind.

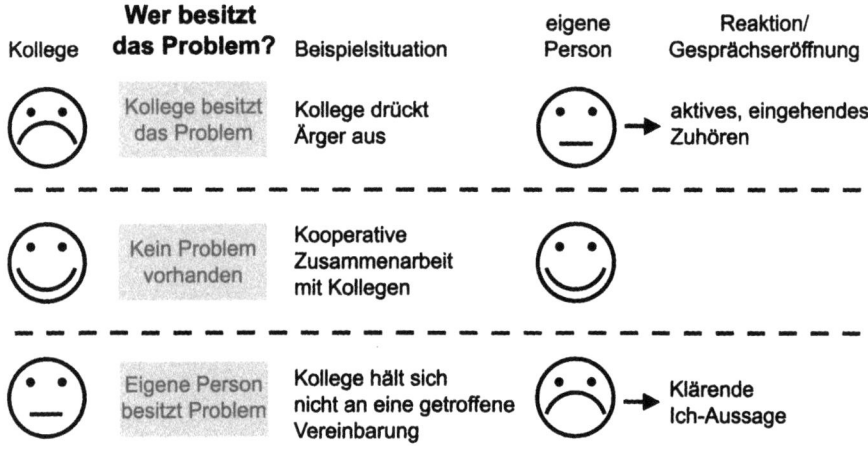

Abbildung 3: Gesprächsführung im Gordon-Modell

Ausgang für Gespräche bildet eine Situation, in der einer der Beteiligten ein „Problem" hat, das heißt, er fühlt sich mit der derzeitigen Situation nicht gut und hat den Wunsch, diese zu verändern. Die Abbildung ist aus Sicht der eigenen Person formuliert. Variante 1 besteht darin, dass ich mir selbst keiner Störung bewusst bin, mein Gesprächspartner aber offenbar etwas auszusetzen hat. Das wird für mich durch Unmutsäußerungen oder -handlungen, Gesten oder Ähnlichem deutlich (z. B.: mein Kollege macht auf meine Frage hin eine sarkastische Bemerkung und spricht dann in einem abweisendem Tonfall, was ganz im Gegensatz zu seiner sonst freundlichen Art steht). In dieser Situation ist es günstig, im Gespräch auf die Beziehungsbotschaften zu achten und diese nach Möglichkeit widerzuspiegeln: „Das klingt, als ob du dich über mich ärgerst"; „Ich habe den Eindruck, dass du im Moment nicht so gut auf mich zu sprechen bist", etwa als Antworten auf Aussagen, mit denen der Kollege bissig anmerkt, warum er von meinem Vorschlag gar nichts hält (also seine Wahrnehmung der Beziehung eben nicht thematisiert).

Erfahrungsgemäß führt eine solche Reaktion im Gespräch zu einer Klärung, was genau eigentlich „los ist" und schafft damit eine Basis dafür, die eigentlichen Bedürfnisse und Absichten des Gesprächspartners zu erkennen. Damit wird ein wichtiger Beitrag zu der anfangs genannten Beziehungsorientierung im Gespräch geleistet.

Variante 2 ist gegeben, wenn ich selber mit dem Verhalten meines Gesprächspartners nicht einverstanden bin. Für konstruktive Gespräche ist es in diesem Fall notwendig, das Problem so anzusprechen, dass der Partner die geäußerte Kritik annehmen kann und es möglich ist, eine gemeinsame Lösung zu finden. Die so genannte „Ich-Aussage" hilft dabei; sie besteht darin, das eigene Erleben deutlich anzusprechen und die eigenen Bedürfnisse deutlich zu machen, aber noch <u>nicht</u> eine Lösung festzulegen oder dem anderen die Schuld zu geben (dies erzeugt in der Regel nur Widerstand und unbefriedigende Diskussionen). So könnte ich meinem Missmut darüber, dass der Kollege sich an eine gemeinsam getroffene Vereinbarung seit einiger Zeit nicht mehr hält, in ungünstiger Form (die dem Leser vielleicht dennoch bekannt vorkommt) Ausdruck geben: „Wozu haben wir diese Vereinbarung eigentlich, wenn Sie sich nicht daran halten? Bitte lassen Sie das ab sofort sein!" Beziehungsorientierter als Ich-Aussage formuliert kann ich aber auch sagen: „Für mich ist diese Vereinbarung wichtig, weil ich mich bei den Störungen, die es vorher gab, nicht auf meine Arbeit konzentrieren konnte. Ich mache mir dann Sorgen, ob ich alles noch rechtzeitig schaffe. Jetzt haben Sie sich mehrmals nicht an unsere Regelung gehalten. Wir können vielleicht auch eine andere gute Lösung finden, aber ich möchte nicht, dass der momentane Zustand noch länger bestehen bleibt."

Eine solche Formulierung macht klar, wo die eigenen Bedürfnisse sind, und lässt dem Kollegen eine Chance, seine Sicht der Dinge und seine Bedürfnisse beizutragen (wir wissen ja nicht, aus welchen Gründen er sich im Moment nicht an die Vereinbarung hält). Auch hier wird somit der Beziehungsorientierung in der Kommunikation Rechnung getragen.

Mit dieser Methode ist es erfahrungsgemäß möglich, auch schwierige Gespräche noch konstruktiv und mit dem Ziel einer gemeinsamen Einigung zu führen. Das „Geheimnis des Erfolges" liegt dabei wohl in der ausgeprägten Klärung der zentralen Bedürfnisse beider Gesprächspartner. Allerdings muss man diese Form der Gesprächsführung einige Zeit konkret und praktisch üben, bevor man sie gut beherrscht.

4. Ergebnisorientierung im Gespräch herstellen

Wie zufrieden sind Sie eigentlich in der Regel mit dem Verlauf und den Ergebnissen von Besprechungen, an denen Sie teilnehmen? Wenn diese Frage im Seminar gestellt wird, sprechen die Gesichter der Teilnehmer oft Bände. Offenbar verlaufen Gesprächsrunden oft unbefriedigend: Sie kosten viel Zeit und Energie, und am Ende kommen doch keine konkreten Ergebnisse heraus. Im schlimmsten Fall bleibt das Gespräch sogar konsequenzlos. Da fragt man sich natürlich, warum man sich getroffen hat und ob die Zeit sinnvoll investiert war. Oft liegt die Unzufriedenheit über ein Gespräch, das „nichts gebracht" hat, offenbar darin begründet, dass keine guten Ergebnisse erreicht worden sind. Das ist eigentlich verwunderlich, wenn man sich den Anfangsgedanken dieses Textes in Erinnerung ruft, dass ja keine einzige Mitteilung (geschweige denn ein ganzes Gespräch!) ohne eine damit verbundene Absicht des Sprechers zu verstehen ist. Es gibt also immer Ziele für die Gespräche; warum werden diese dann vergleichsweise selten erreicht?

Nach meiner Erfahrung liegt ein wesentlicher Grund dafür darin, dass der bewusste Zielbezug, mit dem Gespräche geführt werden, viel zu gering ist. Es wird in der Vorbereitung zu wenig über die Ziele nachgedacht, die man in diesem Gespräch gerne erreichen möchte, oder über die Themen, die man ansprechen und dazu Informationen verbreiten oder Meinungen einholen will. Als Folge wird der Initiator eines Gespräches oder Themas oft von der Dynamik der Ereignisse überrollt: es kommen Hinweise zu einem neuen Thema, über die das eigentliche Thema aus dem Auge verloren wird, der rote Faden des Gespräches geht verloren, und die ursprünglichen Ziele sind überhaupt nicht mehr präsent. Wenn man bewusst Gespräche führen will, kann und sollte man hier gegensteuern, indem man Verantwortung für den Verlauf des Gespräches und das Einbringen der eigenen Ziele übernimmt. Zwei wichtige Werkzeuge für eine solche zielbezogene Form der Gesprächsführung heißen „Strukturierung von Gesprächen" und „Zielvereinbarung bzw. Maßnahmenplanung".

4.1 Gesprächsstruktur als hilfreicher Rahmen

Die Strukturierung von Gesprächen ist ein sehr erfolgreiches Mittel, um bessere Ergebnisse zu erzielen. Denn Strukturierung ist generell sehr hilfreich dafür, sich zu konzentrieren und die eigenen Leistungen zu verbessern. Ganz deutlich zeigt sich das in Erkenntnissen aus der Lernforschung.

Hier gelingt es Menschen sehr viel leichter, sich Informationen zu merken, wenn diese in geeigneter Struktur dargeboten werden. Ein konkretes Beispiel: Versuchen Sie, sich in einer Minute so viele Begriffe wie möglich aus Tabelle 1 zu merken! (Wenn Sie es ausprobieren wollen: Schauen Sie auf die Uhr, decken Sie den Text danach ab, schreiben Sie die erinnerten Begriffe auf und lesen Sie erst dann weiter!)

Tabelle 1: Liste mit Merkwörtern

Messing				
Rubin			Gold	
Granit	Stahl	Blei	Eisen	Saphir
Mineralien Smaragd Kupfer	Kalkstein Selten Steine Silber	Metalle Wertvoll Schiefer	Baustoff Aluminium Häufig Bronze	Legierung Diamant Platin Marmor

In einem Experiment, das bereits 1969 von dem Psychologen Bower und anderen durchgeführt wurde, kamen Testpersonen auf durchschnittlich 20 von insgesamt 112 auf diese Art dargestellten Begriffen (in unserem Beispiel sind es nur 26). Testpersonen, die dagegen die strukturierte Darstellungsform wie in Tabelle 2 (siehe nächste Seite) bekamen, schafften auf Anhieb, 70 der 112 Begriffe zu erinnern. Ähnliche Beobachtungen zur Bedeutsamkeit von Strukturen für das Gedächtnis sind seitdem immer wieder gemacht worden.

Tabelle 2: Strukturierte Liste mit Merkwörtern

Mineralien				
Metalle			Steine	
Selten	Häufig	Legierung	wertvoll	Baumaterial
Platin Silber Gold	Aluminium Kupfer Blei Eisen	Bronze Stahl Messing	Saphir Smaragd Diamant Rubin	Kalkstein Granit Marmor Schiefer

Diese Einsicht kann man ohne große Umwege auf die Gesprächsführung übertragen, denn natürlich braucht man auch für gut verlaufende Gespräche Leistungen, die viel mit Merkfähigkeit zu tun haben: etwa um noch zu wissen, wo der „rote Faden" war, um Wesentliches von Unwesentlichem zu trennen und um nichts Wichtiges zu vergessen. Struktur ist deshalb auch in Gesprächen für beide Partner immens hilfreich: für den Initiator, um keine wichtigen Dinge zu vergessen und die eigenen Ziele nicht aus den Augen zu verlieren, und für den Gesprächspartner, um genau zu verstehen, worum es gerade geht, und das Wesentliche zu erkennen.

Eine allgemeine Struktur (nach Gehm, 1994), die für die allermeisten Gespräche geeignet ist, soll an dieser Stelle kurz vorgestellt werden, damit sie als Hilfe verwendet werden kann.

Am Anfang und Ende des Gespräches steht ein „emotionaler Rahmen", der dafür sorgt, dass die Gesprächspartner innerlich in das Gespräch hinein- und hinausfinden. Man weiß also: „jetzt geht es los" und auch „jetzt ist es vorbei".

Die Phasen (2) und (4) bilden dann einen strukturierenden Rahmen, der das Kernthema umschließt und dafür sorgt, die inhaltliche Diskussion gut vorzubereiten und nutzbringend abzuschließen und sich gut auf die Themen konzentrieren zu können.

Die einzelnen Phasen des Gespräches können wie folgt kommentiert werden:

1. **Kontaktaufnahme**: Am Anfang des Gespräches sollte ein offenes und freundliches Klima für den Austausch hergestellt werden (gilt besonders für schwierige Gespräche!). Die Möglichkeiten, sich dann im Weiteren frei auszutauschen, werden dadurch deutlich gesteigert.

   Beispiel: „Ich freue mich, dass Sie gekommen sind und wir jetzt persönlich miteinander sprechen können."

2. **Informationsphase**: Hier sollte ein gemeinsamer Gesprächsplan abgestimmt werden: Welche Themen gibt es? Wie viel Zeit sollten die einzelnen Punkte in Anspruch nehmen? Wichtig dabei ist, dass auch die Vorstellungen des Gesprächspartners zur Sprache kommen und aufgenommen werden, dass also eine gemeinsame Struktur geschaffen wird.

   Beispiel: „Wir sollten heute aus meiner Sicht vor allem über Thema x und y sprechen. Welche Punkte haben Sie? Wir haben insgesamt eine Stunde Zeit; dann sollten wir für diesen Punkt nicht länger als y Minuten brauchen, was denken Sie?"

3. **Argumentationsphase**: Hier kann jetzt die Auseinandersetzung mit dem Thema stattfinden – der inhaltliche Kern des Gespräches. Je besser man sich auch hier inhaltlich vorbereitet hat, desto klarer ist die eigene Meinung vertretbar und umso genauer kann man dem Gegenüber zuhören!

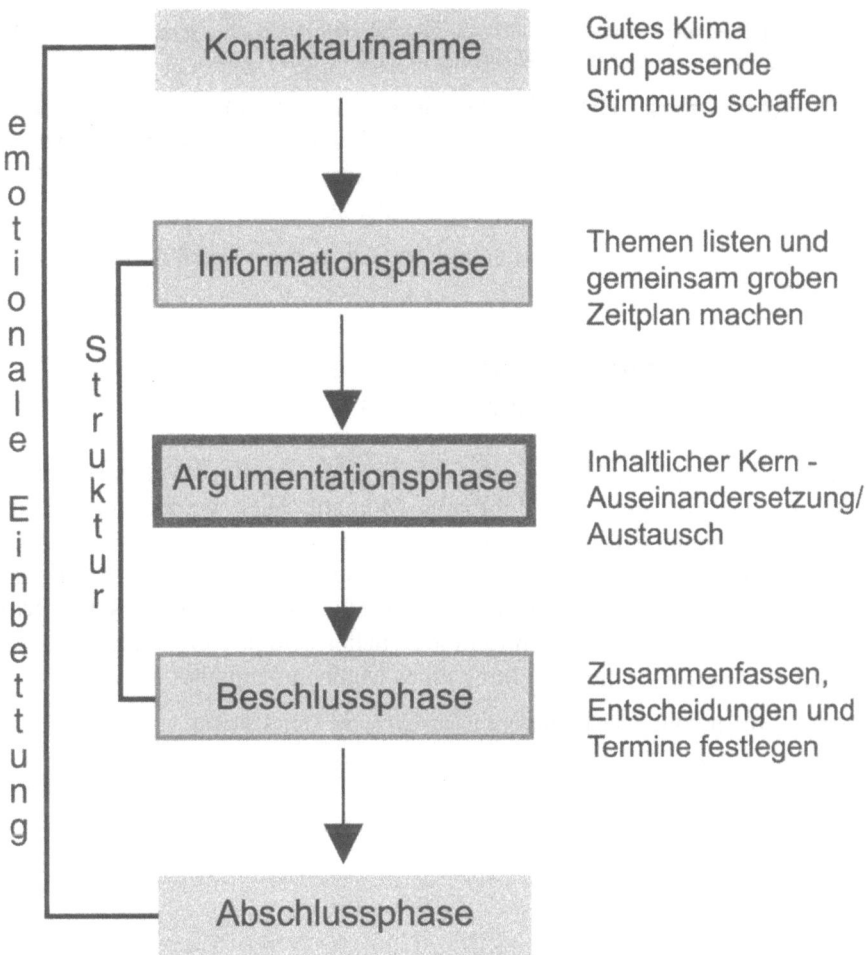

Abbildung 4: Allgemeine Struktur zum Gesprächsablauf

4. **Beschlussphase**: Nach jedem Argumentationsteil sollte man „Nägel mit Köpfen" machen. Die Ergebnisse sollten so zusammengefasst werden, dass der Gesprächspartner zustimmt. Getroffene Entscheidungen sollten noch einmal formuliert und gemeinsam verabschiedet werden. Beschlüsse sind nur dann echte Beschlüsse, wenn sie von allen Beteiligten getragen werden! Falls möglich, werden in dieser Phase auch direkt Termine für das weitere Vorgehen festgehalten. Der inhaltliche Teil des Gesprächs wird dadurch im beiderseitigen Einvernehmen abgeschlossen.

Beispiel: „Noch einmal zusammengefasst: Zum Thema xy werden wir eine gemeinsame Publikation verfassen (Zustimmung?). Wir beschließen, dass die personelle

Entscheidung hierüber im nächsten Quartal stattfinden soll; verantwortlich ist X. Termin für die nächste Projektsitzung ist dann in der xy. KW."

5. **Abschlussphase**: Hier wird das Gespräch auch emotional abgeschlossen in dem Bemühen, in einer freundlichen und „aufgeräumten" Atmosphäre auseinander zu gehen. Dazu kann gehören, sich beim Gesprächspartner für die aufgewendete Zeit zu bedanken.

Beispiel: „Vielen Dank, dass Sie sich die Zeit für dieses Gespräch genommen haben."

4.2 Maßnahmenplan als nützlicher Abschluss von Gesprächen

Für die Ergebnisorientierung eines Gespräches ist die zuvor dargestellte „Beschlussphase" ein unverzichtbares Moment: Hier werden verbindlich die Entscheidungen festgehalten, die man getroffen hat. Nun kann man noch ein Stück weiter gehen und direkt planen, was zu tun ist, damit man getroffene Entscheidungen in die Tat umsetzen kann. (Und dieser Schritt ist derjenige, der uns wirklich dem Ziel näher bringt, weil er Handlungen einleitet!) Hierfür ist die Erstellung eines Maßnahmenplanes sinnvoll.

Tabelle 3: Beispiel für einen Maßnahmenplan nach einer Projektsitzung

TOP	Aktivität(en)	Termin	verantwortlich
Angebot für Projektpartner erstellen	Angebot Projekt 12/02 modifizieren	KW 40	Müller und ein Kollege aus Projektgruppe
Interesse bei verwandten Instituten erfragen	telefonischen Kontakt herstellen; Ziel: Präsentationstermin	KW 37	Schulze
Broschüre an potenzielle Interessenten versenden	Broschüre entwerfen	KW 39 und 40	Meier
	Gestaltung festlegen	2.10.02	Projektteam, gemeinsame Sitzung
	Organisation Adressen und Versand	KW 43	Meier mit Sekretariat

Ein Maßnahmenplan ist eine Tabelle, die Angaben zu den besprochenen Themen eines Gespräches und den zugeordneten Aktivitäten enthält.

Darüber hinaus wird konkret festgelegt, bis wann diese Aktivitäten erfolgen müssen und wer verantwortlich ist.

Ein paar Hinweise sind hier angebracht:

- Es sollten nur die Themen aufgelistet werden, zu denen man auch konkret etwas unternimmt. Sonst verliert der Plan seinen Maßnahmencharakter.

- Die Aktivitäten sollen so formuliert sein, dass man konkret feststellen kann, ob sie auch erfüllt bzw. durchgeführt worden sind. Was will man am festgesetzten Termin sonst betrachten?

- Der gewählte Zeitabschnitt sollte nicht zu lang sein. Erfahrungsgemäß sind 2–4 Wochen überschaubar und führen dazu, dass man schnell zu arbeiten beginnt. Bei längeren Zeiträumen wird oft zu spät begonnen, und das gewünschte Ergebnis wird durch Zeitdruck nicht oder nicht gut erreicht.

- Ein Verantwortlicher soll <u>immer</u> angegeben werden. Nicht Anwesende können nicht einfach bestimmt, sondern müssen erst noch gefragt werden (denn wenn sie nicht zustimmen, die Maßnahme zu erledigen, ist man nicht weitergekommen).

Mit diesen einfachen Mitteln ist es erfahrungsgemäß schon oft zu erreichen, dass Besprechungen spürbar straffer und zielbezogener werden. Manchmal trifft man mit seinem Vorschlag, es einmal so zu versuchen, auf Unverständnis und den Einwand, ein solches Gespräch mute „unnatürlich" an. Nach aller Erfahrung ändert sich diese Einschätzung aber, wenn die Beteiligten erst einmal Erfahrungen damit gesammelt haben, Gespräche in dieser Form zu führen. Dann werden die eingeführten Hilfen als Verbesserung erlebt und zumeist zur Zufriedenheit aller beibehalten.

Literatur

- **Bower/Clark/Lesgold/Winzenz:** *Hierarchical retrieval schemes in recall of categorized word lists. – Journal of Verbal Learning and Verbal Behavior,* No. 8, 1969, 323-343

Originalartikel der zitierten Untersuchung zur Nützlichkeit von Strukturen beim Lernen.

- **Bühler, K.:** *Sprachtheorie* – Jena 1934

Grundlegendes Werk der Sprachpsychologie, auch heute für Interessierte noch lesenswert. Als Einführung ebenfalls umfassend und leichter zu erhalten: *Hörmann, H., Psychologie der Sprache, Heidelberg.*

- **Gehm, T.:** *Kommunikation im Beruf. Hintergründe, Hilfen, Strategien* – Weinheim: Beltz 1994

Gute Einführung in viele wichtige Themen der Gesprächsführung. Verständlich geschrieben.

- **Gordon, T.:** *Das Gordon-Modell. Anleitungen für ein harmonisches Leben* – München: Heyne 1998

Gibt einen Überblick über Grundgedanken und Anwendungsfelder der Gordon-Methode. Als Einstieg und Überblick gut geeignet.

- **Gordon, T.:** *Managerkonferenz. Effektives Führungstraining* – München: Heyne 1995

Stellt den Gordon-Ansatz für den Bereich der Mitarbeiterführung dar. Einfach geschriebene und mit praktischen Beispielen versehene Darstellung der Gedanken und der Methode von Gordon.

- **Rogers, C.:** *Der neue Mensch, 5. Auflage* – Stuttgart: Klett-Cotta 1993

Gute Einführung in die Persönlichkeitspsychologie von Carl Rogers.

- **Schulz von Thun, F.:** *Miteinander reden 1. Störungen und Klärungen* – Reinbeck: Rowohlt 1981

  Sehr gut lesbare und ausführliche Darstellung der Kommunikationsüberlegungen des Autors; ein Klassiker zum Thema Kommunikation. Mittlerweile gibt es zwei weitere Bände *Miteinander reden*, die den Schulz von Thun-Ansatz noch vertiefend darstellen.

- **Watzlawick, P./Beaven, J.H.:** *Menschliche Kommunikation, 8. Auflage* – Bern: Huber 1990

  Ebenfalls ein Klassiker zum Thema; enthält eine differenzierte Darstellung der Grundgedanken und interessante Beispiele. Für den wissenschaftlichen Leserkreis gedacht und von daher nicht immer einfach zu lesen.

- **Weinert, A.:** *Lehrbuch der Organisationspsychologie, 2. Auflage* – München: PVU 1987

  Umfassendes Lehrbuch und gutes Nachschlagewerk; enthält auf ca. 10 Seiten einen Überblick über die besprochenen Führungsansätze.

Strategien für Meetings

Hartwig Fuhrmann

Sind Sie einsam?
Sind Sie es leid, allein zu arbeiten? Hassen Sie es, Entscheidungen zu treffen?
Gehen Sie zu einer Besprechung!!!
Sie können dort:
  - Menschen treffen
  - Flip-Charts kreieren
  - sich wichtig fühlen
  - Ihre Kollegen beeindrucken und langweilen
  - Kaffee trinken
Alles dies während der Arbeitszeit.
Besprechungen – die praktische Alternative zur Arbeit!
      (unbekannte Quelle, USA)

1. Einleitung: Zielgerichtet besprechen und verhandeln

Die Anlässe für Besprechungen bzw. Meetings sind vielfältig: der Stand eines laufenden Projektes muss unter den Beteiligten abgestimmt werden; Probleme, die sich in der Durchführung eines Vorhabens gezeigt haben, sollen in Angriff genommen und eine Lösung muss gefunden werden; nach dem Erreichen eines Teilzieles soll eine weitere verbindliche Planung vorgenommen werden. In vielen solcher Fälle ist es notwendig oder wenigstens sinnvoll, sich mit den Beteiligten zu treffen, um persönlich Informationen auszutauschen, Ideen zu sammeln, Lösungen zu finden und Entscheidungen zu treffen. Es wird eine Besprechung angesetzt.

Wenn der Anlass sinnvoll ist, warum verlaufen dann viele solcher Besprechungen unbefriedigend? Dies ist eine Erfahrung, die die meisten von uns bereits häufiger gemacht haben werden. Umfragen (z. B. Stroebe, 1994; Kirkpatrick, 1989) zeigen typische Ursachen hierfür:

• Sitzungsinflation: zu immer mehr Themen werden Meetings anberaumt, ohne zuvor über Alternativen nachzudenken, wie das Thema auch anders sinnvoll bearbeitet werden könnte.

• Die Beteiligten haben die Sitzung nicht ausreichend vorbereitet.

- Wichtige und zweitrangige Themen werden mit dem gleichen Zeitaufwand behandelt.

- Besprechungsziele werden nicht festgelegt oder nicht erreicht.

- Gespräche verlaufen unbefriedigend, weil man aneinander vorbeiredet, bei Meinungsverschiedenheiten persönlich wird oder Machtkämpfe in der Sitzung austrägt.

Diese Unzufriedenheit wird noch verstärkt durch die erheblichen Kosten, die eine Besprechung verursacht: Kosten für Anreise und ggf. Übernachtung, Personalkosten pro Stunde investierter Arbeitszeit und Kosten im Rahmen der organisatorischen Vor- und Nachbereitung ergänzen sich zu nicht selten beeindruckenden Summen von 1.000,- bis 2.000,- Euro pro Stunde Besprechungszeit.

Diese einleitenden Überlegungen liefern genug Munition für ein Plädoyer für mehr Effizienz in Meetings. Unter Effizienz soll dabei verstanden werden, dass die aufgewendeten Ressourcen (auch in Form von Zeit und Energie) so eingesetzt werden, dass die Ziele vollständig und mit möglichst geringem Aufwand erreicht werden.

Im Folgenden sollen zwei Strategien genauer besprochen und erläutert werden, die für Teilnehmer an Meetings nach kommunikationswissenschaftlichen Erkenntnissen brauchbare Hilfsmittel darstellen, um einen eigenen Beitrag zum effizienteren Verlauf von Meetings zu liefern.

Bereits beim Vorbereiten von Meetings (auch durch Teilnehmer, nicht nur durch Moderatoren/Besprechungsleiter!) entscheidet sich deren Effizienz: sind die Ziele, die mit und in der Besprechung erreicht werden sollen, nicht klar und eindeutig formuliert wurden, ist ein erfolgreicher Verlauf unwahrscheinlich. Es lohnt sich, verschiedene Anlässe von Meetings zu kennen und sie nach dem jeweiligen Zweck differenziert vorzubereiten.

Strategie 1: Meetings strukturieren

Der Gesprächsverlauf in Meetings ist durch Missverständnisse und Fehler in der Kommunikation oft unbefriedigend. Neben grundlegenden Missverständnissen, die durch besseres und konzentrierteres Zuhören (vgl. Kapitel „Gesprächsführung") verringert werden können, sind hier oft Mängel in der verwendeten Argumentation die Ursache: es sollen unterschiedliche Standpunkte ausgetauscht und bewertet werden, um ein Thema zu behandeln, dies geschieht aber nicht in konstruktiver Weise. Angemessen argumentieren zu können sowie unfaire Techniken zu erkennen und ihnen zu begegnen, schont hier Nerven und spart Zeit.

➡ **Strategie 2: Nachhaltig argumentieren**

Die beiden Strategien werden im Folgenden vorgestellt und erläutert. Sie stellen ein „Methodenpaket" dar, das zu kürzeren Meetings, die zielgerichteter verlaufen, sowie zu zufriedenstellenderen Ergebnissen führt.

2. Zu Strategie 1: Meetings strukturieren

Es gibt verschiedene Zielsetzungen, die man mit einem Meeting verfolgen kann. Um diese zu systematisieren, ist eine Orientierung an einem generellen Problemlösungsschema sinnvoll, wie es etwa von Gordon (1989) für Konferenzen oder von Seifert (1994) im Zusammenhang mit der Moderation von Sitzungen vorgeschlagen wird. Vereinfacht dargestellt gibt es vier Arbeitsphasen einer erfolgreichen Problemlösung. Jeder dieser Phasen kann ein bestimmter Typus von Meeting zugeordnet werden, der hier seinen Schwer-

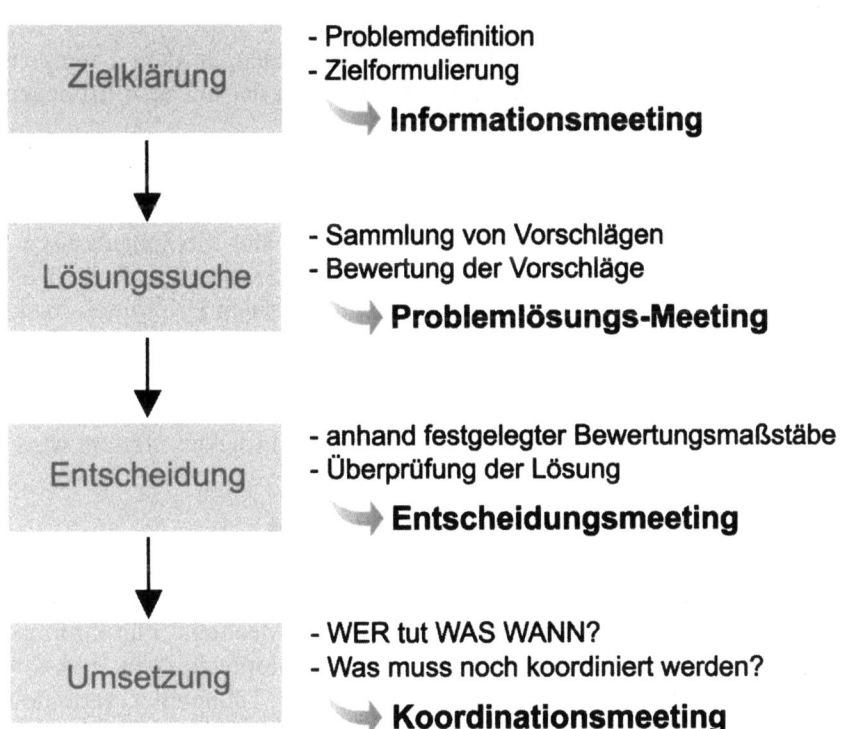

Abb. 1: Arten und Zielsetzungen von Meetings

punkt hat, wie Abbildung 1 verdeutlicht. Im Folgenden werden die Arten von Meetings mit ihren Zielsetzungen beschrieben und zu jedem Typus einige Empfehlungen formuliert, was in der Vorbereitung bzw. Durchführung solcher Besprechungen beachtet werden sollte.

2.1 Informationsmeetings

Am Anfang eines (guten) Problemlöseprozesses steht eine Phase der Klärung, in der die Zielsetzung genau festgelegt wird. Die Gruppe erzielt Einigkeit bei der Antwort auf die Frage: Was soll in dem Prozess erarbeitet werden? Dazu gehört auch, das eigentliche Problem oder allgemeiner, das zentrale Thema, um das es geht, so konzentriert wie möglich zu benennen.

Gelingt es in einer Besprechung, diese Aspekte genau zu klären und zu benennen, dann hat das für die weitere Arbeit entscheidende Vorteile:

- Die Teilnehmer haben ein einheitliches Verständnis, worum es geht und was erreicht werden soll. Das verhindert zeitraubende Missverständnisse.

- Es ist die Bereitschaft aller Teilnehmer entstanden, an dem Thema zu arbeiten, weil sie den Nutzen erkennen können, der mit dem Erreichen des Zieles verbunden ist.

Es gibt Besprechungen, in denen mit der Formulierung eines solchen Zieles auch bereits das Ende der Besprechung erreicht ist. In solchen Meetings geht es darum, Informationen zu vermitteln und Meinungen auszutauschen, um ein gemeinsames Bild zu erhalten. Sie werden deshalb als „**Informationsmeetings**" bezeichnet. Beispiel: In einem Drittmittelprojekt finden regelmäßige Sitzungen statt, in denen sich die Beteiligten gegenseitig über den Stand ihrer Arbeiten in Kenntnis setzen. Dabei geht es darum, dass sich alle aus erster Hand über den Verlauf informieren können und eine gemeinsame Einschätzung über den Stand des Projektes erreicht wird.

Empfehlungen für Informationsmeetings

- Die Vorbereitung von Besprechungen ist generell von großer Bedeutung und mitentscheidend für den Erfolg des Meetings. Für Informationsmeetings gilt wie für andere Formen von Besprechungen, dass folgende Aspekte geklärt und rechtzeitig an die Teilnehmer vermittelt werden müssen:
  - Ort, Datum, Beginn und Ende der Besprechung

- Teilnehmer und ggf. deren Funktionen: Anzahl der Teilnehmer, Rolle des Moderators, Protokollführer, ggf. Gäste
- Inhalte: Tagesordnung, dabei auch Hinweise auf Vorbereitung, die die Teilnehmer selber zu einzelnen Themen leisten müssen (z.B. Lektüre bestimmter Schriftstücke, Vorbereitung auf Referieren bestimmter Informationen).

- Für den Organisator des Meetings ist es hilfreich, bereits im Vorfeld die Ziele, die erreicht werden müssen, konkret zu formulieren, so dass der Endzustand klar beschrieben ist und überprüft werden kann, ob er erreicht wurde. Beispiel: „Die Teilnehmer sollen Kenntnisse über ein neues Verfahren erhalten und dabei erfahren, a) wie das Verfahren arbeitet und b) worin die Gründe für die Wahl dieses Verfahrens bestehen."

- Auch für Teilnehmer ist es sinnvoll, sich vorzubereiten, um die eigenen Informationen oder Positionen prägnant wiedergeben zu können. Leitfragen, die man sich hier stellen kann sind: Was sind meine Ziele für diese Besprechung? Muss ich dafür etwas schriftlich vorbereiten? Muss ich mich mit Kollegen oder Vorgesetzten vorab besprechen? Sollte ich vorab einen der anderen Teilnehmer kontaktieren? Viele unliebsame Überraschungen, die in der Besprechung Zeit und Nerven kosten, können durch gute Vorbereitung in diesem Sinne vermieden werden.

2.2 Problemlösungs-Meeting

Ist Klarheit über das zu erreichende Ziel hergestellt, dann geht es häufig mit dem Schritt weiter, eine möglichst geeignete Lösung für einen momentan unbefriedigenden Zustand zu finden. Dazu sind regelmäßig zwei Arbeitsschritte notwendig: es müssen Ideen bzw. Lösungsvorschläge generiert und ausgetauscht werden, und diese Ideen müssen in Bezug auf ihre Verwendbarkeit bewertet werden. Steht diese Arbeit im Vordergrund der Sitzung, dann spricht man von einem **Problemlösungs-Meeting**. Hier geht es vor allem darum, die beste Möglichkeit zu finden, was man in der derzeitigen Situation tun kann. Beispiel: ein Arbeitsteam trifft sich, um in ungezwungener Atmosphäre erste Vorschläge zur Konzeption eines neuen Prototypen zu entwickeln.

In dieser Art von Meetings hat es sich bewährt, zwei Dinge strikt voneinander zu trennen: das Sammeln bzw. Generieren von Vorschlägen und die Bewertung dieser Vorschläge hinsichtlich ihrer Eignung. Dies ist eine Lehre vor allem aus der Kreativitätsforschung.

„Die Notwendigkeit, ständig recht zu haben, ist der größte Riegel, der neuen Ideen vorgeschoben werden kann. Es ist besser, so viele Ideen zu haben, dass einige ruhig falsch sein dürfen, als immer recht zu haben und überhaupt keine Ideen." Das sagt kein geringerer als Edward De Bono, der Erfinder des lateralen Denkens als einer wegweisenden Methode zur Erbringung kreativer Leistungen (De Bono, 1971, S. 110). Typische Kreativitätsmethoden weisen genau diese Trennung auf, indem sie auf methodischem Wege für einen freien, von Bewertungen ungetrübten Fluss von Ideen sorgen (siehe z. B. Wack/Detlinger/Grothoff, 1993).

Empfehlungen für Problemlösungs-Meetings

- In der Phase der Sammlung bewusst kreativitätsfördernde Methoden wie Brainstorming, assoziative Verfahren oder auch Mind-Maps verwenden (siehe Wack et al., 1993; Buzan/North, 1997). Je mehr Ideen zusammengetragen werden, desto größer ist die Wahrscheinlichkeit, auf eine gute Lösung zu stoßen. Dies gilt gerade in Fällen, in denen keine offensichtlichen Lösungen in Sicht sind.

- Anschließend kann eine erste Bewertung der Ideen erfolgen. Dabei sollte man alle Ansätze wohlwollend betrachten und auf das hin untersuchen, was an Brauchbarem für die Problemlösung enthalten ist. Auch wenig Erfolg versprechende Ideen oder solche, die nicht sofort einleuchten, sollten näher angeschaut werden, denn, um noch einmal De Bono zu zitieren: „Man denkt nicht, um recht zu haben, sondern um Wirkung zu erzielen." (a. a. O., S. 109).

2.3　Entscheidungsmeetings

Als Ergebnis dieser Phase liegt eine gute Basis für eine gemeinsame Entscheidung vor. Diese gemeinsame Entscheidung einer Gruppe ist häufig Ursache dafür, dass überhaupt eine Sitzung einberufen wird. Einheitliche Entscheidungen sind in all den Fällen unverzichtbar, in denen alle Mitglieder die Entscheidung unterstützen müssen, weil sie an deren Umsetzung beteiligt sind. Steht im Meeting das Fällen einer solchen Entscheidung im Vordergrund, spricht man von einem **Entscheidungsmeeting**. Solche Meetings werden häufig gemeinsam mit oder direkt im Anschluss an Problemlösungs-Meetings durchgeführt. Beispiel: Das universitäre Weiterbildungsangebot für den akademischen Mittelbau soll organisatorisch vereinfacht und effizienter gestaltet werden. Dazu konferieren Vertreter der Hochschule mit einer Fortbildungseinrichtung.

Es hat sich bewährt, die Entscheidung systematisch und für alle nachvollziehbar zu treffen und wenn möglich aus Kriterien abzuleiten, die von allen akzeptiert werden. So wird die Begründung für die Entscheidung einsichtig, und es wird verhindert, dass es „Gewinner" und „Verlierer" in der Sitzungsrunde gibt. Nützlich ist in vielen Fällen die Anwendung einer so genannten „Entscheidungsmatrix", wie sie Tabelle 1 am fiktiven Beispiel einer Entscheidung zwischen zwei Urlaubszielen zeigt. (Diese und andere Entscheidungstechniken sind näher erläutert z. B. bei Hackl, 1994).

Tabelle 1: Entscheidungsmatrix am Beispiel von Urlaubsalternativen

		Urlaub 1		Urlaub 2	
Kriterien	Gewichtung	Punkte	Gewichtung x Punkte	Punkte	Gewichtung x Punkte
Kosten	5	9	45	3	15
Jahreszeit	2	9	18	7	14
Erholung	4	7	28	6	24
Sport möglich	2	2	4	7	14
Unterhaltung	1	5	5	2	2
Ausflüge	2	5	10	7	14
Summe G x P			110		83

Hier werden zunächst gemeinsam Kriterien festgelegt, denen eine gute Entscheidung genügen muss. Die Arbeit an diesen Kriterien schafft noch einmal Transparenz über das zu erreichende Ziel und sichert die spätere Akzeptanz der ausgewählten Lösung. Die Kriterien werden anschließend gewichtet (etwa mit 1 bis 10 Punkten). Jede Lösung wird dann daraufhin bepunktet, wie gut sie jedes Kriterium erfüllt (z.B. minimal 0, maximal 10 Punkte). Die Summierung der erreichten Punkte ergibt schließlich auf rechnerischem Wege die beste Entscheidung.

Empfehlungen für Entscheidungsmeetings

• Bei der zu treffenden Entscheidung sollte dafür gesorgt werden, dass alle, die später an deren Umsetzung beteiligt sind, sie auch akzeptieren. Systematische Techniken wie die aufgezeigte Entscheidungsmatrix helfen sehr bei der nachvollziehbaren Herbeiführung einer Entscheidung und sparen im Nachhinein wesentlich mehr Zeit, als sie kurzfristig kosten.

- Wenn die Entscheidung getroffen ist, sollte sie noch einmal kritisch überprüft werden, indem man strittige oder fragliche Punkte noch einmal gezielt abfragt: Wird der Entschluss von allen getragen? Ist das Problem damit wirklich gelöst? Werden die formulierten Ziele erreicht?

2.4 Koordinationsmeetings

Nach getroffener Entscheidung ist oft noch ein letzter, gerne unterschätzter Schritt zu leisten: Es muss für die erfolgreiche Umsetzung der Lösung gesorgt werden. Hier geht es in die konkrete Planung von Aktivitäten hinein. Meetings mit dieser Zielsetzung werden als **Koordinationsmeetings** bezeichnet, weil die Aktivitäten der Beteiligten zugleich untereinander abgestimmt sein müssen. Beispiel: Bei einem neuen Projekt geht es um die Einigung, welche Abteilungen und Mitarbeiter welche Aufgaben übernehmen.

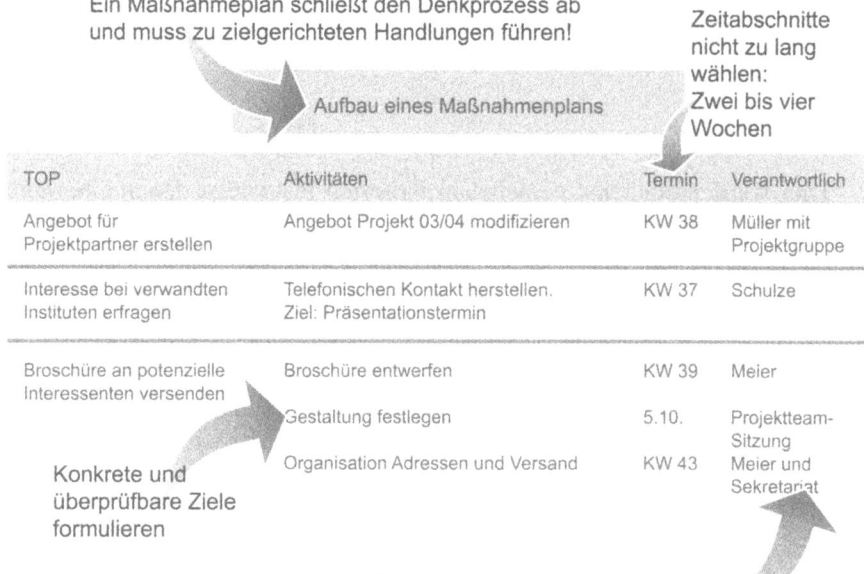

Abbildung 2: Beispiel für Maßnahmeplan und Gestaltungsempfehlungen

In diesen Sitzungen ist darauf zu achten, dass die Planung der Aktivitäten sehr konkret formuliert und schriftlich dokumentiert wird, sodass später überprüfbar wird, ob alle Schritte wie vereinbart durchgeführt wurden. Oftmals besteht nämlich die Gefahr, dass nach einer getroffenen Entscheidung große Zufriedenheit verbunden mit dem Eindruck entsteht, nun sei alles geklärt und jeder wisse schon, was sinnvollerweise als Nächstes zu tun sei. Dem ist erfahrungsgemäß nicht so, und entsprechend oft ist die Enttäuschung groß, wenn dann nach einer getroffenen Entscheidung nichts passiert. Eine gute methodische Hilfe zur konkreten Planung ist das Aufstellen eines so genannten „Maßnahmenplans", wie ihn Abbildung 2 zeigt. Er enthält Angaben zu den besprochenen Themen, den dazu vereinbarten Aktivitäten, der Terminierung dieser Aufgaben und dem für die Durchführung Verantwortlichen.

Empfehlungen für Koordinationsmeetings

- Es müssen konkrete Aktivitäten zur Umsetzung festgehalten und auch dokumentiert werden. Ein Maßnahmenplan ist ein ideales Instrument dafür.

- Die in Abbildung 2 eingefügten Kommentare sind in der Praxis bewährte Empfehlungen: Der Zeitraum der Terminierung darf nicht zu lang sein, weil die Planung sonst meist nicht konsequent betrieben wird und der Zeitplan dadurch ins Trudeln gerät. Die Verantwortlichen müssen sich auch tatsächlich verantwortlich fühlen. Das bedeutet, dass sie in der Sitzung anwesend sein müssen und ihrer Aufgabe zustimmen. Nicht anwesende „Verantwortliche" fühlen sich meist an die ihnen auferlegten Pflichten nicht sehr gebunden.

3. Zu Strategie 2: Nachhaltig argumentieren

Während es bei Strategie 1 hauptsächlich um den Rahmen des Meetings ging, soll nun auf das Verhalten der beteiligten Personen geschaut werden. Insbesondere gekonntes Argumentieren ist eine Fähigkeit, die oft darüber entscheidet, ob man seine Idee platzieren und anschließend auch umsetzen kann oder nicht.

Was ist eigentlich eine Argumentation, und wozu kann man sie nützen? Mit dem Wortursprung, dem lateinischen „argumentum", ist ein Beweismittel oder Beweisgrund gemeint. Dieser Beweis wird verwendet, um andere von einer Aussage zu überzeugen oder die Aussage zu erhellen. Ähnlich wird Argumentation auch in der Umgangssprache verwendet: es geht um das Beweisen von Aussagen, um damit zu überzeugen. Genau zu diesem Zweck, nämlich um zu überzeugen, wird die Argumentation auch in Meetings benötigt. Wichtige und für viele Treffen unverzichtbare Gesprächspassagen beschäftigen sich damit, nach dem Austausch von Meinungen die am besten passende oder zutreffende Meinung zu einem Thema zu finden, auf der dann weitere Planungen aufbauen. Gerade an dieser Stelle geraten Diskussionen aber häufig ins Stocken oder die Gespräche nehmen einen unerfreulichen Verlauf, weil die Auseinandersetzung emotionaler oder persönlicher wird. Für eine sachliche und faire Auseinandersetzung wird die Argumentation unbedingt benötigt.

Jede Argumentation (die ihren Namen verdient) besteht aus zwei Teilen:

1. einer **These** (auch Behauptung oder Schlussfolgerung genannt), die die eigentliche Position des Sprechers benennt

2. einer oder mehreren **Begründungen** (auch Argumente genannt), die die Aussagen belegen oder beweisen.

Ausgehend von diesem Aufbau gibt es mehrere Stellen, an denen man die Stichhaltigkeit einer Argumentation prüfen kann (siehe dazu auch Günther/Sperber, 1993). Diese Stellen eignen sich gut dazu, die Argumentation von Gesprächspartnern zu analysieren und sachlich zu hinterfragen:

1. These (T) und Begründung (B) sind meist durch einen nicht weiter ausgesprochenen, für selbstverständlich befundenen allgemeinen Satz miteinander verbunden. Er stellt eine Hintergrundannahme dar, die nicht stichhaltig sein muss. Ein Beispiel: „Auch Embryos sind menschliches Leben (B). Deshalb fordern wir ein allgemeines Abtreibungsverbot (T)!" Als allgemeine Annahme verbindet diese beiden Sätze, dass menschliches Leben nicht getötet werden darf. Dies ist durchaus zu hinterfragen: „Darf menschliches Leben wirklich unter keinen Umständen getötet werden?"

2. Die Stichhaltigkeit der Argumente sollte genau geprüft werden. Kann man der vorgelegten Begründung wirklich zustimmen, oder ist sie fraglich? Im gewählten Beispiel ließe sich die Begründung, Embryos seien menschliches Leben, durchaus kontrovers diskutieren.

3. Die Logik bzw. Richtigkeit der Schlussfolgerung kann ebenfalls auf den Prüfstand gestellt werden. Kann man aus der Begründung (wenn sie stimmt) zwingend die These ableiten? Im Beispiel ist dies nicht

möglich, weil bereits Begründung und allgemeiner Satz fraglich sind. Selbst wenn diese stimmen, kann die Schlussfolgerung falsch sein, weil zusätzliche Bedingungen oder Kriterien ignoriert werden: „Die meisten unserer Projekte sind mit Drittmitteln gefördert (B). Also sind Drittmittel unsere wichtigste Quelle für neue Projekte (T)." Dies stimmt nur, wenn ‚Häufigkeit der Förderung' das entscheidende Kriterium für die Wichtigkeit ist; kommen für die Wichtigkeit auch andere Faktoren in Betracht (z. B. ‚Höhe der Fördergelder', ‚Forschungsinhalte'), dann ist die Schlussfolgerung nicht mehr zwingend.

Diesen Überlegungen folgend, kann man etwa mit folgenden Leitfragen eine gehörte Argumentation kritisch überprüfen: Was ist eigentlich die These? Mit welchen Argumenten wurde sie begründet? Sind die Begründungen zutreffend? Ist die Schlussfolgerung zwingend? Hierauf kann die eigene Kritik oder Erwiderung aufgebaut werden.

Ähnliche Leitfragen eignen sich auch, um eine eigene Argumentation, die man gerne „wasserdicht" machen möchte, sorgfältig vorzubereiten. Ein Aufbau der eigenen Position kann dann anhand folgender gedanklicher Vorbereitung erfolgen:

- Was will ich erreichen?
- Wie muss ich deshalb argumentieren?
- Stimmen meine Tatsachen?
- Schlussfolgere ich richtig?
- Kann ich gute Beispiele bringen?

Die sachliche Auseinandersetzung und Argumentation ist bereits an sich eine anspruchsvolle Aufgabe. In vielen Besprechungen und Auseinandersetzungen wird die Aufgabe noch zusätzlich erschwert, indem man sich mit einer unfairen Argumentationsweise der Gesprächspartner konfrontiert sieht. Häufig neigt man auch in solchen Fällen dazu, selber in ähnlich unfairer Weise zu antworten, was das Zurückfinden zu einer sachlichen Ebene dann stark erschwert. Viele Menschen empfinden in solchen Situationen auch ein Gefühl der Hilflosigkeit: Sie merken, es wird nicht fair gespielt, wissen aber nicht, was sie dagegen unternehmen sollen. An dieser Stelle sollen deshalb auch einige typisch unfaire „Argumentationsformen" vorgestellt und Möglichkeiten ihrer konstruktiven Erwiderung aufgezeigt werden (siehe dazu auch wieder Günther/Sperber, 1993).

Sich wichtig machen und beeindrucken

- Durch Expertenwissen imponieren
- Durch Statussymbole beeindrucken

⟶ **Plausibilität der Nachricht vortäuschen**

- Meinungen als Tatsachen ausgeben
- Sich auf Autoritäten berufen
- Sprichwörter und Bonmots benutzen

⟶ **Den Empfänger belohnen oder bestrafen**

- Bonbons für Zustimmung verteilen
- Bestrafung bei Ablehnung androhen
- Eigene Person mit Argument verknüpfen

Die Aufstellung zeigt eine Übersicht solcher unfairer Beeinflussungsversuche in Gesprächen. Der Begriff „unfaire Argumentation" trifft hier streng genommen nicht zu, da es sich eben nicht um Argumentationen im Sinne der oben erläuterten Begriffsauffassung handelt.

Die erste Gruppe dieser Techniken, **„Sich wichtig machen und beeindrucken"**, ersetzt die stichhaltige Begründung einer These durch die Eigendarstellung des Sprechers. Indem dieser sich selber unangreifbar zu machen sucht, will er eine Kopplung der These mit seiner eigenen Person und Autorität erreichen. Beispiel: „Dazu hat ja auch Prof. Meier in seinem letzten Buch etwas gesagt. Aber dies ist eigentlich schon von dessen Fachkollegen Müller und Schulze widerlegt worden" (**durch Expertenwissen beeindrucken**). Man erfährt gerade nichts über inhaltliche Argumente, sondern erhält lediglich die Information, dass der Gesprächspartner sehr gut informiert ist. Der psychologische Wirkmechanismus hinter dieser Technik: Einem so kompetenten Gesprächspartner sollte man lieber nicht widersprechen, wenn man sich nicht lächerlich machen will.

⟶ Genau bei dieser Erkenntnis setzt die *Gegenstrategie* an: der Gesprächspartner muss aufgefordert werden, seine konkreten Positionen und Argumente zu nennen, damit man an diesen auf der sachlichen Ebene ansetzen kann. Etwa: „Was sind nun genau *Ihre* Argumente?"

In der zweiten Variante, **„Plausibilität der Nachricht vortäuschen"**, werden auf unterschiedlichen Wegen tatsächliche Argumente bzw. Begründungen durch eine geeignete Verpackung ersetzt, die die These nicht belegt, aber unangreifbar machen soll.

Typische Beispiele und Gegenstrategien zu dieser Variante sind:

1. „Lassen Sie sich nichts vormachen! Die Fakten/Daten sprechen für sich." Hier wird eine **Meinung als Tatsache ausgegeben**, denn die Fakten selber werden als Begründung für die These nicht mehr näher erläutert.

   ⟶ *Gegenstrategie*: Zeigen Sie, dass es sich zunächst noch um unbewiesene Behauptungen handelt. Am besten stellen Sie gleich eine Gegenbehauptung auf, wie man diese Fakten auch deuten kann. Dadurch entsteht der Zwang für den Gesprächspartner, die konkreten Begründungen zu nennen.

2. „Nicht (nur) ich sage das, sondern von Professor X/dem Vorsitzenden Ihrer Vereinigung/(sonstiger Autorität) stammt die Auffassung, dass …" Statt eine Begründung zu geben wird hier eine **Autorität zitiert**, die dieselbe These wie der Sprecher vertritt. Das Ansehen, das diese Person genießt, ersetzt die inhaltliche Auseinandersetzung.

   ⟶ *Gegenstrategie*: Ziehen Sie die Kompetenz der Autorität für die spezielle These in Zweifel. Hier lässt sich oft zeigen, dass das vom Gesprächspartner verwendete Zitat der Autorität in einem anderen Zusammenhang geäußert wurde; oder die Autorität ist bei genauerem Hinsehen keine wirkliche Autorität für die spezielle These, um die es in der Diskussion geht.

3. „Es ist noch kein Meister vom Himmel gefallen." Statt einer Begründung wird ein **Sprichwort oder ein Bonmot verwendet**. Solche Aussagen leuchten häufig unmittelbar ein und sind schwer anzweifelbar. Bei genauerem Hinhören stehen sie aber meist in einem nur losen Zusammenhang mit der These.

   ⟶ *Gegenstrategie*: Der Schwachpunkt liegt hier in der Verbindung zwischen Sprichwort und These. Es gibt zwei gute Möglichkeiten, das zu zeigen: Führen Sie selber ein anderes Sprichwort an, das eine gegenteilige Schlussfolgerung nahe legt (und argumentieren Sie dann in die Richtung, dass man Begründungen nicht an solchen Bonmots festmachen sollte) – oder aber zeigen Sie auf, dass die im Sprichwort enthaltene Verallgemeinerung unzulässig ist, am besten anhand konkreter Beispiele.

Eine dritte Gruppe unfairer Techniken will **„den Empfänger belohnen oder bestrafen"**, wenn er die umstrittene Position bezieht. Die These wird hier mit dem Selbstwertgefühl einer Person verknüpft. Diese Strategien sind oft sehr wirksam, weil die Aufmerksamkeit des Gegenübers von der sachlichen Auseinandersetzung mit Positionen auf die Bewertung der eigenen oder anderer Personen gelenkt wird, womit Emotionen ins Spiel kommen. Es ist in solchen Situationen schwer, den Überblick zu behalten und die Argumentation zu analysieren, wenn man nicht vorbereitet ist. Auch hier seien wieder typische Beispiele und Gegenstrategien dargestellt.

1. „Sie haben bisher stets moderne Lösungen unterstützt, auch wenn die Mehrheit dagegen war. Ich bin mir deshalb sicher, dass Sie zustimmen werden." Hier wird ein positives Selbstbild als **Belohnung in Aussicht gestellt**. Die Belohnung ist allerdings an die inhaltliche Zustimmung gekoppelt.

   ➺ *Gegenstrategie*: entweder den persönlichen Teil abblocken und auf die Sache beziehen („Vielen Dank für das Kompliment. Aber um zur Sache zu kommen: …"). Oder, meist noch wirksamer: Die enthaltene positive Beurteilung aufgreifen und als Gegenargument verwenden („Gerade *weil* ich immer diese Position bezogen habe, bin ich in diesem Falle nicht Ihrer Auffassung. Denn …").

2. „Da müsste man ja von gestern sein, wenn man diesen Entwurf nicht annimmt." Hier liegt sozusagen die Umkehrung der obigen Technik vor: die **Ablehnung einer Position wird mit Strafe verknüpft** (in Form eines suggerierten negativen Selbstbildes). Die Aufmerksamkeit des so Angesprochenen soll sich wieder weg vom Inhalt und hin auf das Bild richten, wie er von anderen wahrgenommen werden möchte.

   ➺ *Gegenstrategie*: Hier kann man oft wirkungsvoll „den Stier bei den Hörnern packen", indem man die in der Äußerung enthaltene Unterstellung direkt aufgreift. Dadurch wird zumeist erkenntlich, wie wenig haltbar die angedeutete Verbindung ist: „Vielleicht bin ich ja von gestern, aber diesen Punkt hätte ich gern noch etwas genauer beleuchtet. Wie begründen Sie denn, dass …".

3. „Ich besitze mittlerweile 20 Jahre Berufserfahrung in diesem Bereich, und Sie wollen mir doch nicht weismachen, dass ich mich da irre." Auf diese Art und Weise wird die **eigene Person mit der Position verknüpft**, der Angriff richtet sich im Grunde dennoch gegen den Gesprächspartner. Dieser soll gewarnt werden: Eine Ablehnung der These bedeutet auch eine Ablehnung der Person. Es erfordert mehr Mut, jetzt noch Kritik zu äußern.

   ➺ *Gegenstrategie*: Ähnlich wie im Falle der ersten Gruppe muss hier wieder die Person von der Position entkoppelt werden. Am besten zeigt man Akzeptanz für die Person, blendet diese Personseite dann aus und kommt rasch wieder auf die Sache zurück: „Zur Diskussion steht nicht Ihre gesammelte Berufserfahrung. Die möchte ich auch in keinster Weise anzweifeln. Nur glaube ich nicht, das Sie in diesem speziellen Punkt recht haben. Mir geht es um ..."

Mit diesen Gegenstrategien ist es häufig möglich, Diskussionen wieder auf eine sachlichere Ebene zurückzuführen. Man muss sie allerdings konsequent verfolgen und darf sich nicht dazu hinreißen lassen, seinerseits einen „Treffer" mit einer dieser Methoden zu landen, wenn sich die Gelegenheit dazu bietet. Auseinandersetzungen, die einmal die sachliche Ebene verlassen haben, sind schwer wieder in konstruktiveres Fahrwasser zurückzuführen; dagegen ist es leicht, mit solchen unfairen Methoden die Diskussion eskalieren zu lassen. Erfahrene Gesprächsteilnehmer nutzen teilweise bewusst diese Erkenntnis, um eine Diskussion an den Stellen zu eskalieren, an denen ihnen die „Munition" an Argumenten ausgeht. Dagegen hilft nur gute Disziplin im Sinne der ständigen Versachlichung der Diskussion. Die angesprochenen Strategien für Meetings können einen Beitrag zu dieser Versachlichung und damit zu besseren Ergebnissen leisten, wenn sie konsequent beachtet werden.

Literatur

* **Buzan, Tony/North, Vanda:** *MindMapping – Der Weg zu Ihrem persönlichen Erfolg* – Wien: Hölder-Pichler-Tempsky 1997

* **De Bono, Edward:** *Laterales Denken. Ein Kursus zur Erschließung Ihrer Kreativitätsreserven* – Reinbek: Rowohlt 1971

* **Gordon, Thomas:** *Managerkonferenz. Effektives Führungstraining* – München: Heyne 1989

* **Günther, Ulrich/Sperber, Wolfram:** *Handbuch für Kommunikations- und Verhaltenstrainer. Psychologische und organisatorische Durchführung von Trainingsseminaren* – München: Reinhardt 1993

* **Hackl, Heinz:** *Praxis des Selbstmanagements. Techniken und Hilfsmittel für systematisches Arbeiten im Büro* – Erlangen: Siemens Publicis MCD 1994

* **Kirkpatrick, Donald L.:** *Konferenz mit Effizienz. Erfolg mit gut geplanten Besprechungen* – Zürich: Orell Füssli 1989

* **Seifert, Josef. W.:** *Besprechungs-Moderation. Mit neuen Techniken effektiv leiten, erfolgreich teilnehmen, Zeit sparen, Ziele erreichen* – Bremen: Gabal 1994

* **Stroebe, Rainer W.:** *Kommunikation II. Verhalten und Technik in Besprechungen* – Heidelberg: Sauer-Verlag 1998

* **Wack, Otto/Detlinger, Georg/Grothoff, Hildegard:** *Kreativ sein kann jeder. Kreativitätstechniken für Leiter von Arbeitsgruppen, Workshops und Seminaren. Ein Handbuch zum Problemlösen* – Hamburg: Windmühle 1993

Erfolgreiche Präsentation auf Messen, Ausstellungen und Kongressen

Barbara Harbecke

Die Dipl.-Pädagogin arbeitete zunächst an der Fernuniversität Hagen. Dann leitete sie für einige Jahre die m+a MesseAkademie Frankfurt und legte dort ihren Schwerpunkt auf Organisation und Durchführung von Seminaren im Bereich Messen und Ausstellungen. Heute ist sie in diesem Bereich als selbstständige Beraterin und Trainerin tätig.

1. Einleitung

Messen, Kongresse oder Ausstellungen sind Showbusiness. Wissenschaft und Forschung sind seriös. Lassen sich die beiden Gegensätze trotzdem zusammenbringen?

Viele Anbieter bemühen sich um die Besucher und um aufzufallen, kommt man um eine professionelle Präsentation mit Elementen aus dem Showgeschäft nicht herum. Wer sich nicht hervorheben will oder meint, bei der Qualität des Angebotes spiele die Art und Weise der Präsentation keine Rolle, der irrt gewaltig. Denn Messebesucher stimmen grundsätzlich mit den Füßen ab, sie kommen zum Messestand oder gehen daran vorbei. Sie tauchen da auf, wo sie einen wie auch immer gearteten Vorteil wittern: wegen des Angebotes, wegen der Atmosphäre oder weil gerade ein Stuhl frei ist. Zugegeben, das klingt profan, das ist profan, aber so ist es: Showbusiness eben.

Talent zum Showbusiness ist jedoch eine Fähigkeit, deren Training bisher nicht Bestandteil der Ausbildung zum Wissenschaftler ist und im Alltag des Hochschulbetriebes in der Regel keine große Rolle spielt. Deshalb ist der Einstieg ins Messegeschäft mitunter etwas sperrig oder holprig, aber wer Spaß am direkten persönlichen Kontakt hat, wird hier ein grenzenloses Betätigungsfeld finden. Auf Messen geht es zu wie in orientalischen Basaren. Da wird angeboten, gefeilscht, gehandelt. Es werden Verträge geschlossen und Freundschaften fürs Leben. Es werden Ideen geboren oder abgeguckt, informelle Gespräche geführt, Stellen gewechselt. Und natürlich der neueste Tratsch und Klatsch ausgetauscht.

Man könnte das auch anders ausdrücken: Messen sind ein integraler Bestandteil des Marketing-Mix, ein Instrument der Kommunikationspolitik eines Unternehmens mit der Besonderheit der Face-to-Face-Kommunikation. Hinzufügen könnte man noch, dass dieses Instrument alle menschlichen Sinne anspricht und auch wirklich erreichen kann.

Und deshalb ist es nicht gleichgültig, wie man sich zeigt, wenn man sich zeigt. Auf Messen, Ausstellungen und Kongressen sollte in den Vordergrund treten, welchen effektiven Nutzen der Besucher hat, der sich mit dem vorgestellten Thema beschäftigt. Und daran orientiert sich die gesamte Präsentation.

Für Hochschulen, Institute, Forschungseinrichtungen und Projekte sind diese „Marktplätze" erste Orte für Kontakte, Partner, Verwertungs- und Vermarktungsideen, den persönlichen Austausch mit Kollegen anderer Forschungseinrichtungen. Und nicht zuletzt hervorragend geeignet für die Tuchfühlung mit der Branche. Egal ob auf finanzieller oder persönlich-beruflicher Ebene – so viele interessante Themen und Menschen finden ansonsten kaum in so kurzer Zeit zusammen.

Ein großes Geheimnis erfolgreicher Präsentation sollte jedoch bekannt sein: Es kommt nur dann etwas Gutes dabei heraus, wenn der Auftritt akribisch geplant und organisiert wird. Beteiligt man sich an einem Gemeinschaftsstand oder an einer Poster-Session, wird man nur erfolgreich sein, wenn man vorher überlegt hat, wie denn eine Besucheransprache klingen könnte. Schließlich soll sie auch tatsächlich zu qualifizierten Gesprächen führen. Der große Vorteil von Gemeinschaftspräsentationen liegt darin, dass die gesamte, sehr aufwändige Auswahl und die organisatorische Vorbereitung zentral erledigt werden. Die Einzelaussteller können sich also voll auf ihre eigene Präsentation vorbereiten. Wie immer gibt es aber auch einen Nachteil: Wesentliche Erfolgsfaktoren wie die Entscheidung für eine bestimmte Messe, die Lage und Gestaltung des Messestandes und die Zusammensetzung der Themen können nicht mitbestimmt werden.

2. Grundsatzüberlegungen vor einer Messebeteiligung

Unabhängig von der Art der Beteiligung gibt es einige Basisinformationen, die unbedingt erforderlich sind, um sich richtig vorbereiten zu können.

Erste Frage: WER sind die Besucher dieser Veranstaltung? Je genauer Sie wissen, wer als Besucher zu der von Ihnen gewählten Veranstaltung kommt, um so besser können Sie Ihre Vorbereitung darauf abstellen. Für alle gängigen Fachmessen gibt es diese Informationen direkt vom Veranstalter. Er beantwortet folgende Fragen: Handelt es sich um Fachbesucher? Woher kommen sie: lokal, regional, national, international? Aus welchem Wirtschaftszweig? Welche Funktion haben sie in ihrem Unternehmen, wie sind sie in den Entscheidungsprozess eingebunden? Besuchen sie diese Veranstaltung regelmäßig und wie lange bleiben sie? Das alles sind klassische Mediadaten, deren Kenntnis Basis für jedes Werbe- und Kommunikationsprojekt ist.

Die zweite und mindestens ebenso wichtige Frage: welches ZIEL verfolgen Sie mit der Beteiligung zum Beispiel an einer Plakat-Session? Dieses Thema sollten Sie sehr gründlich bearbeiten, denn mit einer klaren, eindeutigen Zielformulierung steht und fällt der gesamte Auftritt. Das Ziel sollte realistisch und ehrgeizig sein, denn wenn Sie genau wissen, was Sie erreichen wollen, können Sie alle Aktivitäten darauf abstellen. Und Sie können in jeder Situation sofort entscheiden, ob Sie Ihren Plan anpassen müssen oder ob alles gut (sprich: erfolgreich) läuft.

Zum Beispiel sollten Sie folgende Fragen unbedingt frühzeitig klären:

- ob Sie allein oder mit mehreren Partnern präsentieren

- ob Sie eine aufwändige oder schlichte Bühne brauchen

- ob Sie begleitend Medien einsetzen oder bewusst darauf verzichten

Nur, welche Ziele sind realistisch? Das einfachste Ziel ist zweifelsfrei „dabei zu sein". Allerdings birgt dieses Ziel die große Gefahr, die eingesetzten Mittel zu „versenken", denn am Ende der Veranstaltung steht immer die Frage: „Was hat es gebracht?"

Aber „Entscheider aus der Branche für eine Kooperation gewinnen" bringt uns bereits ein Stück weiter. Und „250.000 € für ein Anschlussprojekt akquirieren" ließe sich tatsächlich als Ziel brauchbar einsetzen. Ist das realistisch? Es ist tragfähig, denn um ein so ehrgeiziges Ziel zu erreichen, sind Schritte in diese Richtung erforderlich, wie etwa eine aktive Besucheransprache, eine entsprechende Werbung im Vorfeld und eine präzise Nacharbeit nach der Veranstaltung. Also realistisch JA, zumindest im psychologischen Sinne, denn ohne klare Zielsetzung gibt es nur Zufallserfolge.

Weitere Ziele sind die Erkundung des Marktes, der Branche, der Produkte und Dienstleistungen. Sie können Ideen und Anregungen für die weitere Arbeit gewinnen, Vermarktungsideen bekommen, die traditionell guten Kontakte zur Politik und Presse ausbauen. Sie können von der informellen Pipeline der Branche profitieren und ganz egoistisch den eigenen Marktwert prüfen oder gar einen potenziellen Arbeitgeber finden.

Um es noch einmal zu wiederholen, Ziele sind keine vagen, ominösen Absichtserklärungen, sondern präzise Vorhaben mit einer bestimmten Größenordnung, die sich entweder in Euro oder in der Anzahl qualifizierter Kontakte festhalten lassen.

3. Die Vorbereitung

Sie wissen, wo Sie ausstellen und welches Thema Sie präsentieren. Sie kennen den Ablauf der Veranstaltung, sodass Ihnen bekannt ist, wann Sie mit welchen Besucherströmen zu rechnen haben. Sie kennen das Profil eines durchschnittlichen Besuchers und haben über die Motive nachgedacht, die zum Besuch dieser Veranstaltung führen.

3.1   Die Exponate

Für die Präsentation ist die erste Frage: Wer soll kommen und stehen bleiben und wie kann ich diese Besucher auf mein Angebot aufmerksam machen? Ein Poster, ein Plakat, eine Animation ist immer nur so gut, wie die angemessene Zielgruppenansprache, die dabei verwendet wird. Deshalb steckt in der Visualisierung des Themas schon die halbe Miete. Ganz geschickte Menschen konstruieren die Themenaussage bewusst so, dass sie einen ganz einfachen Einstieg ins Gespräch ermöglichen. Der wird gleich mitüberlegt und strategisch eingebaut. Sehr klug!

Anders als im Hochschulleben, kommt es bei einer öffentlichen Präsentation am Poster oder am Messestand nicht zuallererst auf inhaltliche Tiefe an, sondern auf wahrnehmungsgerechte Darstellung. Was heißt das?

Menschen bewegen sich auf Messen anders als im normalen Leben. Sie geben Geld aus, nehmen sich Zeit, entscheiden sich ganz bewusst für einen Veranstaltungsbesuch, an den sie bestimmte Erwartungen knüpfen. Am Ort des Geschehens werden sie vom ersten Moment an mit Werbeaussagen, Zeitungen, Flyern, Werbegeschenken „bearbeitet", sodass ein ganz natürlicher Filter aktiviert wird, um das Übermaß an Informationen oder Reizen auszuschalten. Das hat Folgen für den weiteren Informationsprozess, denn die Wahrnehmung wird grober, der Selbstschutz funktioniert und die tiefen Fachinformationen sind nicht das allererste Anliegen der Besucher. Übersetzt in die Gestaltung der Themen heißt das:

- sich auf ganz wenige Kernaussagen beschränken

- die Bilder nicht unverständlich kompliziert gestalten

- eine verständliche Sprache wählen

Alle Detailinformationen sind überflüssig. Technische Erläuterungen mit Tiefe gehören nicht auf ein Poster, sondern werden von Menschen vermittelt. Dies ist also Aufgabe des Standpersonals. Die Arbeitsteilung heißt: Plakate für die Orientierung, Menschen für die Erläuterung, die Erklärung und den fachlichen und persönlichen Tiefgang.

Sie erinnern sich, Messebesucher stimmen mit den Füßen ab, sie kommen, gehen weiter, bleiben stehen, werden neugierig und im besten Falle stellen sie die Eingangsfragen. Mehr Erwartungen werden an die visuelle Präsentation nicht geknüpft. Eine einfache Aufgabe. Alles, was auf den ersten Blick zu kompliziert oder zu abstrakt ist, wird im Zweifel wohlwollend übersehen. Deshalb geht es hier um klare Botschaften, einfache bildhafte Darstellungen, ganz nah an den Geheimnissen guter Werbung, die neugierig macht auf mehr.

3.2 Die Besucherwerbung

Hier zahlt sich die gründliche Recherche der Grundsatzüberlegungen aus: je genauer Sie wissen, wer kommt, umso besser können Sie gezielt vorher zu einem Besuch an Ihrem Stand einladen. Erfahrungsgemäß gibt es für Hochschulen auf Messen eine sehr große Gruppe potenzieller Branchenpartner, nämlich alle dort versammelten Aussteller. Auskunft über die Ausstellerunternehmen und die Ansprechpartner gibt der Katalog, wenn er rechtzeitig – also etwa vier Wochen vorher – zur Verfügung steht.

Dies ist die erste Besucherzielgruppe, die eingeladen wird. Wie? Vielleicht mit einer E-Mail von Aussteller zu Aussteller.

Nun beginnt der arbeitsintensivere Teil, nämlich die Identifizierung der gewünschten Besucher. Wirtschaftsunternehmen bedienen sich hierfür externer Agenturen, die sich auf Direktwerbung spezialisiert haben und Adressenrecherchen mit „verkaufen". Vermutlich werden Sie diesen Job selbst machen müssen und das hat auch einen unschätzbaren Vorteil, denn niemand weiß so genau, wer für Sie interessant sein könnte, wie Sie selbst. Und es gilt ein ganz einfacher Grundsatz: Sie brauchen nicht viele Adressen, sondern die richtigen und die bewegen sich in der Regel in einer zu bewältigenden Größenordnung. Jede selbst recherchierte Adresse ist nahezu bares Geld wert. Achten Sie darauf, dass Sie persönliche Ansprechpartner für Ihr Thema genannt bekommen. Einladungsbriefe an die „sehr geehrten Damen und Herren" finden selten Leser und noch seltener fühlt sich jemand davon angesprochen, geschweige denn gemeint.

Das ist sicher der zeitaufwändigste Teil dieser Aktion. Nun geht es um die Feinheiten, nämlich die Formulierung eines geschmeidigen Einladungstextes. Die wichtigsten Informationen kommen entweder in die Betreffzeile, die heute zwar nicht mehr so heißt, aber immer noch als optische Ansprachezeile genutzt wird, oder in den ersten Satz. Idealerweise sind die Formulierungen so gut, dass der Empfänger auf Anhieb weiß, warum er zu Ihnen an den Stand kommen soll. Sollte es Ihnen gelingen, mit so wenigen Worten Klarheit zu schaffen, müssen Sie nur noch Ihre Informationspflicht erfüllen und ganz genau schreiben, wann Sie wo anzutreffen sind und wie man mit Ihnen vorher schon einen Termin vereinbaren kann.

Im Prinzip reicht von Ihrer Seite ein einfacher Geschäftsbrief mit dem Motto, der wichtigsten Botschaft, einem eindeutigen Nutzenversprechen und den Daten zu Ihrer Beteiligung. Sollten Sie der Meinung sein, etwas mehr Inhalt könne nicht schaden, sind Sie gut beraten, wenn Sie ein Datenblatt, ein Miniaturposter, einen Prospekt, eine Modellzeichnung oder Ähnliches dem Schreiben als Anlage beifügen. Unter Umständen reicht auch ein beigelegtes Faxformular, um den Besuchern die Terminvereinbarung mit Ihnen so leicht wie möglich zu machen.

Ganz wichtig für diese Art der Kommunikation sind der persönliche Stil, also die persönliche Anrede und Unterschrift, und die Originalität, die aus einer „Massenaussendung" einen Brief an gute Freunde werden lassen.

Eine gute Alternative ist die Einladung per E-Mail, die fast keine Anforderungen an die optische Gestaltung stellt. Besonders vorteilhaft ist dabei die Möglichkeit einer schnellen Antwort und unmittelbarer Interaktion.

Der Messekatalog ist ein weiteres wichtiges Steuerungselement für die Besucherfrequenz am Messestand, das entweder als Printmedium oder in der elektronischen Variante von vielen Besuchern genutzt wird. Hier ist besonders darauf zu achten, dass möglichst ALLE Stichworte belegt werden, die im näheren oder weiteren Sinne mit dem eigenen Angebot zu tun haben, um sehr kostengünstig jeden zu erreichen, der/die sich für dieses Angebot interessiert.

Für Ihre Kommunikation nach innen empfiehlt es sich, durch entsprechende Plakate im Institut die Aufmerksamkeit Ihres „Hauses" zu erlangen und nicht müde zu werden jedem, den es interessiert, von Ihrer Öffentlichkeitsoffensive zu erzählen. Noch interessanter als die Aussage: „...wir nehmen an der Messe xy teil" ist eine Erfolgsmeldung über die auf der Messe erreichten Ergebnisse.

3.3   Politik, PR und Presse

Dies ist das schwerste Pfund, mit dem Sie wuchern können. In der Natur der Sache liegt ein besonderes Interesse an Ihnen von Seiten der Politik. Auf Messen können Politiker mehrere Dinge gleichzeitig tun: sich über den aktuellen Forschungsstand informieren und mit den Ergebnissen glänzen. Denn sie werden an der Mittelbeschaffung beteiligt sein, sich selbst im Glanze eines wirkungsvollen Auftrittes sonnen und das Ohr öffnen für die Entwicklungen der Zukunft. Also sollten die Politiker einen entsprechenden Stellenwert in Ihrer Planung haben.

Es dürfte Ihnen leicht fallen, gemeinsame Interessen mit den Lokal- und Landespolitikern herauszustellen und damit Ihre PR-Arbeit zur Messe zu begründen. Richtig vorbereitet sind deren Auftritte auf Ihrem Stand ein eindrucksvoller Anreiz für Journalisten und Redakteure, die auf der Suche nach Nachrichten und Meldungen solche Gelegenheiten nicht auslassen werden. Wer etwas weiter denkt, überlegt an dieser Stelle schon, wie die Berichterstattung, egal ob in Printmedien, Funk, Fernsehen oder Internet, anschließend für die weitere Arbeit genutzt werden kann. Einfacher und effektiver geht es kaum. Diese Wege sind den Wirtschaftsunternehmen verschlossen, um so wichtiger ist es, diese Vorteile hier wirklich zu nutzen.

Für die Pressearbeit gilt Ähnliches, denn Sie brauchen zugkräftige Argumente für die Journalisten, sich mit Ihnen und Ihrem Angebot zu beschäftigen. Was liegt da näher als die Kombination mit einem hochkarätigen Politiker, Wissenschaftler oder Erfinder?

Gute Pressearbeit ist im Grundsatz Handwerk. Wer erstmals eine Pressemitteilung verfasst, sollte sich mit den Besonderheiten und Anforderungen der schreibenden Zunft vertraut machen (vgl. dazu das Kapitel: „Die Presseinformation").

Wenn Ihnen das zu viel Aufwand ist, bieten viele Veranstalter durchweg erstaunliche Serviceleistungen – angefangen vom Pressefach (physisch und elektronisch), über den Neuheitenbericht bis zur Koordination von Terminen für Pressekonferenzen und einen Extrakatalog mit Ansprechpartnern für die Journalisten.

Trotzdem ist die Pressearbeit zur Messe ein hervorragender Einstieg in dieses Thema, denn auf Messen versammeln sich alle vermeintlich und tatsächlich wichtigen Vertreter dieser Zunft in einer kaum vorstellbaren Menge.

3.4 Personalvorbereitung

Wir kommen zum wichtigsten Thema der Messevorbereitung überhaupt, nämlich der Vorbereitung der Ansprechpartner auf dem Stand. Schließlich sind die Menschen mit ihrem Wissen und der Fähigkeit zur Kommunikation der wichtigste Erfolgsfaktor. Ein ansprechender Messestand, ein gut gestaltetes Poster und die perfekte technische Präsentation sind wesentliche Hilfsmittel für das, was auf dem Messestand stattfindet, nämlich das Gespräch und der Austausch mit den Besuchern. Grundvoraussetzung für diese Aufgabe ist eine gewisse Begeisterung für Gespräche mit fremden Menschen, die nirgendwo anders anzutreffen sind, als auf dieser Messe.

Wer mit Begeisterung auf einen Messestand kommt, um neue Kontakte zu knüpfen, wird ein leichtes Spiel haben, denn Messebesucher sind ganz leicht und einfach zu erreichen.

Wer sich hier schwer tut und lieber ungestört an einem ruhigen Ort seiner Arbeit nachgeht, wird es nicht so leicht haben, denn für ihn/sie tun sich jede Menge Hürden und Hindernisse auf.

Lassen Sie uns mit den Chancen beginnen. Die sollten auf einer Messe nahezu grenzenlos sein, denn die Zahl der Besucher übersteigt bei weitem Ihre Möglichkeiten zum Kontakt. Natürlich bleibt die Frage, ob diese Besucher auch für Sie so interessant sind wie umgekehrt. Aber das bekommen Sie sehr schnell heraus, wenn Sie freundlich, interessiert und höflich danach fragen. Das müssen Sie nämlich, da den Besuchern nicht auf der Stirn steht, wer sie sind und ob sie für Sie wirklich interessant sind.

In diesem Kontext lässt sich immer wieder eine interessante Beobachtung machen: zwei Gesprächspartner, und nur einer redet. Meistens spricht der, der am Stand arbeitet, denn nach zwei bis drei Stichwörtern glaubt er zu wissen, was für den Besucher gut ist, was er oder sie braucht und so weiter. Schade, denn ein Gespräch ist das nicht und wer nur redet, erfährt nichts. Da aber auf Messen – ganz so wie im normalen Leben – Kommunikation vom Gleichgewicht zwischen Geben und Nehmen besteht, kommen beide Personen in dieser Situation nicht zu ihrem Recht, denn der Aussteller erfährt nichts und der Besucher kann nichts geben.

Hinzu kommt noch, dass Gespräche auf der Messe die hohe Kunst der Gesprächsführung sind, denn zu der anspruchsvollen Aufgabe kommen eher hinderliche Umstände: es ist laut, warm, anstrengend, und am Ende des Tages schmerzen die Füße vom Stehen.

Die wichtigste Sprache auf der Messe ist jedoch die Körpersprache, deshalb heißt auch die erste Empfehlung: Nehmen Sie eine einladende Haltung an. Damit ist nicht nur die Körperhaltung gemeint, gerade, aufrecht, energiegeladen, sondern auch die optische Erscheinung, von der angemessenen Kleidung, über die gepflegte Ausstrahlung bis zum freundlichen, unaufdringlichen Lächeln zur Begrüßung. Auch der physische Ort der Begrüßung spielt eine Rolle, denn, wenn Besucher sich auf den Stand trauen sollen, brauchen sie auch die Möglichkeit dazu. Also gilt es jedes Mal aufs Neue herauszufinden, wie viel Abstand oder Nähe ein Exponat, ein Poster oder eine Präsentation braucht, um auch tatsächlich die „richtigen" Besucher zu interessieren. Manch ein Standmitarbeiter bewacht sein Exponat so gut, dass sich niemand dorthin traut.

Lassen Sie uns davon ausgehen, dass alles passt. Nun kommen die Besucher und sofort stellt sich die Frage, wie das Gespräch beginnt. Am einfachsten ist natürlich eine Situation, in der ein interessierter Besucher das Gespräch eröffnet, höflich, also mit einer entsprechenden Begrüßung, sich vorstellt, sagt, wer er/sie ist, woher sie/er kommt und aus welchem Grund dieses Thema für ihn/sie interessant ist. Nur, im echten Leben kommt dies selten vor. Viel häufiger schleichen die Besucher um die Exponate und scheinen es darauf anzulegen, gar nicht erst angesprochen zu werden. Oder aber sie sind so dominant und fordernd, dass man nur noch die Flucht nach vorn antreten kann, um die Situation zu retten.

Grundsätzlich ist für den Einstieg in das Gespräch der Gastgeber verantwortlich, deshalb sollte man sich von der Hoffnung oder Illusion verabschieden, dass „es" sich schon irgendwie ergeben würde.

Wie gelingt nun ein eleganter Gesprächseinstieg? Einer, der nicht nach „auswendig gelernt", „hat an einem Kundenorientierungs-Seminar teilgenommen" oder Ähnlichem klingt. Von den Amerikanern abgehört klingt die erste Frage: „Kann ich Ihnen helfen?" gut gemeint, ja, aber schlimmstenfalls lautet die Antwort: „Wieso, sind Sie vom Roten Kreuz?" Und das wäre in der Tat kein gelungener Einstieg ins Gespräch.

Leider gibt es für die Situation kein Patentrezept, das immer funktioniert, einfach und von jedem zu gebrauchen ist. So bleibt der Einstieg eine Herausforderung an jeden Einzelnen, den eigenen Weg in den Kontakt zu finden. Aber ganz grob wird ein Messekontakt mit der Begrüßung des Gastgebers (und Hausherrn) beginnen, mit einem oder zwei Sätzen zu dem, was gezeigt wird, und vielleicht sogar mit einer persönlichen Vorstellung. Gelingt der Bau dieser Brücke, wird auch der Besucher/die Besucherin sich vorstellen und den Besuchsgrund nennen.

Für den Fall, dass Sie auf einen zurückhaltenden oder schüchternen Besucher treffen, benötigen Sie ein gediegenes Repertoir an Einstiegs- oder Eröffnungsfragen, die Ihnen eine erste Orientierung erlauben. Fragen, die sich auf das Besucherinteresse beziehen, auf die Funktion (also wieder auf das Interesse), auf den Branchenhintergrund. Hierzu noch ein technischer Hinweis: die Fragen sollten so geartet sein, dass eine Antwort nicht schwer fällt, und sie nicht mit JA oder NEIN beantwortet werden können. Also offen (alle W-Fragen sind offene/öffnende Fragen), möglichst konkret und nah am Thema. Auf die Frage: „Kann ich Ihnen helfen?" bekommt man auch nur dann eine gescheite Antwort, wenn echte Lebenshilfe erforderlich ist. Wenn Sie selbst nicht genau wissen, was Sie wollen, können Sie diese Frage auch nicht beantworten. Und die Aussage „Ich meine das ja auch nur so, nicht im Wortsinn, und sage es nur, damit ich überhaupt etwas sage" gilt nicht, denn es ist nicht egal, was gesagt wird. Es sei denn, Sie strahlen eine solche innere Begeisterung für Ihren Gast aus, das dieser Sie fasziniert anschaut und deshalb nicht genau auf Ihre Worte hört.

Wie das Gespräch nun verläuft, liegt an dem tatsächlichen Interesse beider Gesprächspartner. Natürlich wird es unterwegs größere Gesprächsanteile des Gastgebers geben, wenn es um Präsentationen oder Erklärungen geht, aber grundsätzlich ist eine gleiche Verteilung der Redezeit erstrebenswert. Und wenn Sie sich tatsächlich für Ihren Gesprächspartner interessieren, werden Sie eine Menge Fragen haben, für die auch Zeit, Geduld und gutes Zuhören notwendig sind.

3.5 Vom Monolog zum Dialog

Der gleich verteilte Anteil an Redezeit weist in Richtung Austausch. Es geht immer um beide Partner, nicht darum, den Rest der Welt aufzuklären und mit den eigenen Erkenntnissen zu beglücken. Auch nicht darum, ein komplexes Thema bis in die innersten Windungen klar und deutlich darzustellen, sondern um die Herstellung einer gemeinsamen Plattform, auf der man sich bewegt. In der Verkäufersprache heißt das „bedarfsgerechte Präsentation". Ein schönes Wort, denn der Präsentation geht die Ermittlung des Bedarfs voraus. Es klingt einfacher, als es ist. Wie erkenne ich den Bedarf, wie erfrage ich ihn, wie bekomme ich heraus, ob sich jemand wirklich in einem Thema auskennt oder nur eine oberflächliche Information benötigt? Wie gehe ich mit meiner eigenen kostbaren Messezeit um, lasse mich nicht nur von den Besucherwünschen treiben, sondern verfolge meine eigenen Ziele, wenigstens zur Hälfte?

Wie sorge ich dafür, dass ich mit einem dicken Sack neuer Ideen und Anregungen von der Messe komme? Die Zauberformel heißt: wieder Fragen stellen, zuhören, aufnehmen, verstehen, antworten. Für diesen Prozess ist das Werkzeug des Fragengerüstes ein gutes Hilfsmittel.

Zwei Besonderheiten des Messegespräches sollten Sie kennen:

1. Kurze Fragen brauchen grundsätzlich eine kurze Antwort. Sie sollten diese Fragen nicht zum Anlass für einen neuen Dialog nehmen, sondern als Ausdruck eines spezifischen Interesses sehen.

2. Es gibt eine Reihe von Ausstiegsfragen der Besucher, die eindeutig auf das Ende des Gespräches abzielen, Sie aber nicht beleidigen möchten. Etwa: „ … haben Sie einen Prospekt darüber?" Übersetzt heißt das: „ … vielen Dank für Ihre Zeit und Mühe, es reicht mir aber nun!" Noch präziser: „Nein, danke!" Das wiederum traut sich kaum jemand.

3.6 Der Gesprächsabschluss

Länger als dreißig Minuten werden die meisten Messegespräche nicht dauern, viele sind kürzer. Aber alle Gespräche, die Aussicht auf eine Fortsetzung haben, enden idealerweise mit einer konkreten Verabredung oder Vereinbarung, zum Beispiel mit einer Antwort auf die Frage: „Welchen nächsten Schritt verabreden wir?" Leider ist das häufigste Ende eines Gespräches die Bitte oder das Angebot, „etwas" zuzusenden. Ein wenig gehaltvoller würde dieses Angebot mit dem Hinweis auf den folgenden Telefonanruf. Das realistisch beste Ergebnis wäre die konkete Vereinbarung

eines Folgetermins mit Datum, Uhrzeit und den anwesenden Gesprächspartnern sowie den dafür nötigen Unterlagen.

3.7 Der Besuchsbericht

Bei bis zu zwanzig Gesprächspartnern am Stand pro Tag kann kein
Mensch behalten, was wann mit wem besprochen wurde. Deshalb empfiehlt es sich, einen Besuchsbericht oder Kontaktbogen vorzubereiten. Die
wichtigsten Informationen werden so auf einfache und übersichtliche Weise dokumentiert, es wird nichts vergessen und gleich nach der Messe können Versprechen in die Tat umgesetzt werden.

Was sind die wichtigsten Informationen? Wer ist der Gesprächspartner,
Name, Titel, Funktion, Adresse (vollständig mit E-Mail)? Welches Thema
wurde besprochen? Und die wichtigste Frage: Was ist wann zu tun? Sollten Sie ein besonderes Interesse an einer bestimmten Frage haben, gehört
diese auf den Bogen, damit Sie sich selbst unterwegs daran erinnern können.

3.8 Schwierige Situationen am Stand

Die schwierigste Situation ist zweifelsfrei eine, in der Sie erwartungsvoll
an Ihrem Exponat stehen und niemand kommt. Noch schwerer wird es,
wenn sich diese Situation zu einem Dauerzustand entwickelt. Da Sie in
aller Regel zu diesem Zeitpunkt nichts mehr an Ihrem optischen und praktischen Auftreten ändern können, gibt es nur noch eine Möglichkeit: Sie
suchen sich jemanden, der Sie hin und wieder besucht und die Rolle eines
interessierten Besuchers übernimmt. Wenn Sie vorbauen wollen, bitten Sie
Kollegen vorher schon, in diesem Fall den Job zu übernehmen. Denn wo
kein Besucher ist, kommt auch kein weiterer hin. Dies ist ein ganz einfaches „Naturgesetz" auf Messen.

Andererseits kann es auch ein Problem sein, wenn zu viele auf einmal
kommen. Hier müssen Sie sich kurz fassen, kollegial mit Ihren Partnern
zusammenarbeiten und sich darauf verlassen können, dass die Ihnen auch
mal einen Gesprächspartner abnehmen oder „parken".

Mit Vorliebe werden Ihre Stände auch von den Erfindern aufgesucht,
die Ihnen sehr gern erklären, dass sie schon vor vielen Jahren eine viel
bessere Idee gehabt hätten als die von Ihnen vorgestellte. In diesem Fall
dürfen Sie ruhig von Ihrem Recht als Hausherr Gebrauch machen und
höflich und bestimmt das Gespräch beenden.

Weiterhin sind für Sie die kompetenten Fachspezialisten ganz gefähr-
lich, denn sie werden sich so darüber freuen, dass sie endlich einmal mit
jemandem reden können, der/die sie versteht, dass sie darüber Raum und
Zeit vergessen werden. Daran wird wohl kaum etwas zu ändern sein.

Und dann gibt es noch die Spezies der Langredner, die kaum zu stop-
pen sind. Hier hilft nur der Mut zum aktiven Unterbrechen, denn diese
Besucher hören von selbst nicht auf.

4. Messenacharbeit

Nach der Messe kommt dann die Stunde der Wahrheit. Ein Grundsatz hierfür lautet: „Versprechen Sie nichts, was Sie nicht halten können, und halten Sie, was Sie versprochen haben." Sie haben viele gute Gespräche geführt, sehr viele Versprechen gemacht und sind nun gefordert, diese auch
einzuhalten und wenn irgendwie möglich auch noch schnell. Schnelligkeit
ist heute gleichbedeutend mit Kompetenz, denn wer gut organisiert ist,
wird auch ein zuverlässiger Partner in gemeinsamen Projekten sein.

Gut beraten sind dabei diejenigen, die vorher schon über den Ablauf
der Nacharbeit nachgedacht und bereits Vorkehrungen getroffen haben,
schnell und präzise die Besucherwünsche zu erfüllen. Dazu gehören E-
Mails, Briefe, Telefonate, Abstimmungen mit Kollegen und die Reisevor-
bereitungen.

Empfehlenswert ist auch die Nacharbeit der Ideen und Anregungen, die
man auf der Messe gewonnen hat. Auch dafür sollten Sie Zeit einplanen,
denn so viele gute Ideen gibt es nicht so oft.

4.1   Messe-Erfolgskontrolle

Die Messeplanung begann mit den messbaren Zielen. Nun ist der Zeitpunkt der Aus- und Bewertung gekommen. Die Anzahl der Besuchsberich-
te gibt Auskunft über die Menge qualifizierter Kontakte und mit der Aus-
wertung der Themen zusammen erhält man einen ersten Eindruck davon,
ob der Aufwand der Beteiligung sich gelohnt hat. Etwa vier Wochen nach
der Messe wird die Beurteilung in Bezug auf die Kontakte schon realisti-
scher und nach drei Monaten lässt sich auch entscheiden, ob es eine Wiederholung gibt oder nicht.

Außer einer genauen Analyse der Besucher auf Ihrem Stand gibt es noch ein paar andere interessante Fragen. Wer von den eingeladenen Ausstellern war bei Ihnen? Wen haben Sie selbst besucht? Mit wem haben Sie auf anderen Messeständen Kontakt gehabt und wie werden diese Kontakte weitergeführt? Wer war von der Presse bei Ihnen? Werden diese Kontakte anschließend gepflegt? Wie gut können Sie am Ende der Veranstaltung die Branche einschätzen? Welche Entwicklungen, welche Trends gibt es? Welche informellen Kontakte konnten Sie knüpfen, welche Politiker hatten Sie bei sich? Wie ist die Zufriedenheit der Mitausssteller, wie haben diese sich vorbereitet, was kann man daraus lernen? Wie ist die Resonanz auf den Gemeinschaftsstand oder die Plakatpräsentation?

Aber auch organisatorische Fragen sollten Sie wieder mitbedenken: Wie war die Platzierung, die Lage des Gesamtstandes, die Gestaltung, die Funktionalität? Funktionierte die Standorganisation, klappte die Teamarbeit? Waren genügend Personen am Stand? Waren die richtigen da? Gab es vermeidbare Engpässe oder Reibereien? Und die letzte Frage: „Was kann nächstes Mal besser gemacht werden?" An der Fülle der Fragen wird schnell ersichtlich, dass mit einem Messeauftritt sehr viele Dinge gleichzeitig in Angriff genommen werden können. Befolgen Sie die vorliegenden Anregungen, werden Sie sicher mit vielen klaren Ergebnissen und erhellenden Einsichten von Ihrem nächsten Messeauftritt zurückkommen.